一冲出
讲
师
干

用2：差异化——不同
地（1）：卖——租
地（2）：所有权——使用权
地（3）：收费——“免费”

525
681

老板AI一本通

王冲◎著

中国商业出版社

图书在版编目（CIP）数据

老板 AI 一本通 / 王冲著. -- 北京 : 中国商业出版社, 2025. 5. -- ISBN 978-7-5208-3396-7

Ⅰ. TP18

中国国家版本馆 CIP 数据核字第 20255AY900 号

责任编辑：杨善红

策划编辑：刘万庆

中国商业出版社出版发行

（www.zgsycb.com 100053 北京广安门内报国寺 1 号）

总编室：010-63180647　编辑室：010-83118925

发行部：010-83120835/8286

新华书店经销

香河县宏润印刷有限公司印刷

*

710 毫米 ×1000 毫米　16 开　14.75 印张　210 千字

2025 年 5 月第 1 版　2025 年 5 月第 1 次印刷

定价：99.00 元

* * * *

（如有印装质量问题可更换）

序 1

AI脑洞，未来的一切皆由AI驱动

在科技日新月异的今天，“AI 脑洞，未来的一切皆由 AI 驱动”这一设想正逐渐从科幻小说走进现实生活，成为我们不可忽视的时代趋势。这一愿景不仅预示着技术层面的巨大飞跃，更深刻影响着社会结构、经济发展乃至人类文明的走向。以下是对这一主题的详细阐述。

从技术角度看，人工智能（AI）正以前所未有的速度发展，其学习能力、数据处理能力和决策制定能力日益增强。深度学习、强化学习等先进算法的突破，使 AI 能够在复杂多变的环境中自我优化，不断逼近甚至超越人类的智能水平。这种技术革新为 AI 成为未来社会核心驱动力奠定了坚实基础。从智能家居、自动驾驶到智能制造、医疗健康、金融领域、教育领域、农业、能源、物流……AI 正逐步渗透我们生活的方方面面，提高生产效率，优化资源配置，创造前所未有的便捷与高效。

AI 技术的广泛应用，将深刻改变各行各业的面貌。而随着 AI 技术的深入应用，人们的生活方式也将发生根本性变化。例如，智能家居系统能够根据居住者的习惯自动调节室内环境，提升居住舒适度；智能交通系统减少交通拥堵，提高出行效率；AI 助手成为人们日常生活的得力帮手，从日程管理到情感交流，无所不包。这些变化不仅提高了生活质量，也促使人们重新审视人与技术之间的关系，探索更加和谐共生的生活方式。

然而，AI 的广泛应用也带来了一系列伦理和法律挑战。如何确保 AI 决策的公平性、透明度，防止算法偏见；如何保护个人隐私，避免数据滥用；如何建立有效的监管机制，确保 AI 技术的健康发展，都是亟待解决的问题。因此，构建一套涵盖伦理指导、法律约束和技术标准的 AI 治理体系显得尤为重要。这需要政府、企业、学术界和社会各界的共同努力，通过对话与合作，寻求共识，确保 AI 技术的正面影响最大化、负面影响最小化。

最终，当 AI 真正成为驱动未来一切的力量时，我们或将迎来一个人机协作的新时代。在这个时代，AI 将不再是简单的工具或替代品，而是成为人类智慧的延伸，与人类共同解决复杂问题，推动社会进步。人类需要不断提升自身的创造力、批判性思维和情感智能，以适应这一变革，实现人机和谐共生的美好愿景。

序 2

AI 颠覆，我们正处于一场新的科技范式革命之中

在 21 世纪的科技洪流中，人工智能如同一股不可阻挡的力量，正以前所未有的速度重塑着世界的每一个角落。这不仅是一项技术的革新，更是一场深刻影响社会经济结构、人类生活方式乃至思维模式的科技范式革命。我们正站在这一历史转折点上，见证并参与着一场前所未有的变革。

AI 的崛起，标志着人类从依赖物理力量和机械自动化进入了利用数据和算法驱动的智能时代。从最初的简单规则判断到如今深度学习、自然语言处理、计算机视觉等领域的突破性进展，AI 正逐步展现出超越人类智慧边界的能力。在医疗诊断、智能制造、智慧城市、金融服务等多个行业，AI 的应用不仅极大地提高了效率，还解决了许多传统方法难以攻克的问题，开启了全新的业务模式和服务形态。

AI 的普及和应用，不仅是技术层面的迭代，更是科技范式的根本性转变。过去，技术进步多表现为工具性的升级，而 AI 则以其强大的数据处理能力和自我学习能力，构建起一个涵盖数据采集、分析、决策到反馈的闭环生态系统。在这个系统中，AI 不仅是解决问题的工具，更是推动创新、优化资源配置、促进产业升级的核心驱动力。这种转变要求我们重新审视科技与社会的关系，探索如何在 AI 的赋能下，实现更加智能、高效、可持续的发展路径。

然而，AI 的广泛应用也带来了前所未有的挑战。数据安全、隐私保护、就业结构变化、伦理道德等问题日益凸显，成为制约 AI 健康发展的关键因素。

如何在享受 AI 带来的便利的同时，确保技术公正、保护个人隐私、维护社会稳定，成为摆在我们面前的重要课题。同时，AI 的快速发展也孕育着巨大的机遇，尤其是在教育、医疗、环保等民生领域，AI 的应用有望解决资源分配不均、提高服务质量，为构建更加公平、包容的社会贡献力量。

面对 AI 带来的挑战与机遇，构建科学合理的 AI 治理体系显得尤为重要。包括加强法律法规建设，明确 AI 使用的边界和责任；推动技术创新与伦理审查并重，确保技术发展符合社会伦理标准；加强国际合作，共同应对 AI 带来的全球性挑战；加大对 AI 人才的培养和引进，为 AI 的健康发展提供坚实的人才支撑。

展望未来，AI 将继续深化其在各领域的渗透与融合，成为推动经济社会发展的核心力量。我们有理由相信，随着技术的不断成熟和应用场景的不断拓展，AI 将在解决人类面临的诸多挑战中发挥更加积极的作用。同时，我们也需要保持清醒的头脑，理性看待 AI 的作用，既要充分利用其带来的机遇，也要积极应对伴随而来的挑战，共同塑造一个更加智能、和谐、可持续的未来。

总之，AI 颠覆的时代已经到来，我们正身处一场前所未有的科技范式革命之中。面对这场革命，唯有积极适应、主动作为，才能把握时代脉搏，共创智能时代的美好未来。

前言

带老板探索AI的无限可能

在当今这个日新月异的数字化时代，人工智能已经从科幻小说中的遥远概念，逐步渗透我们生活的方方面面。从智能家居到自动驾驶，从智能医疗到金融科技，AI 的应用场景日益丰富，其对社会经济结构和企业运营模式的深远影响正逐渐显现。对于每一位企业管理者而言，把握 AI 的发展脉搏，探索其在业务中的无限可能，不仅关乎企业的核心竞争力，更是对未来的一次深刻布局。本书旨在引领各位老板踏上一趟探索 AI 奥秘的旅程，共同揭开 AI 技术如何重塑商业版图的面纱。

（1）AI：时代的浪潮，不可阻挡的趋势。回顾历史，每一次技术革命都伴随着生产力的飞跃和社会结构的深刻变革。蒸汽机的发明推动了第一次工业革命，电力的广泛应用引领了第二次工业革命，而信息技术的发展则开启了第三次工业革命的大门。如今，我们正站在第四次工业革命的门槛上，而 AI 无疑是这场革命的核心驱动力。它不仅极大地提高了生产效率，降低了成本，更重要的是，AI 通过深度学习、自然语言处理、计算机视觉等先进技术，赋予了机器理解和模仿人类智能的能力，使机器能够自主学习、决策和优化，从而开辟了前所未有的应用空间。

（2）AI 与企业：从辅助工具到战略核心。在企业管理中，AI 的应用已经从最初的自动化办公、数据分析等辅助角色，逐步上升为推动企业创新、优化决策流程、提升客户体验的战略核心。例如，在供应链管理上，AI 能够通过大数据分析预测市场需求，优化库存水平，降低物流成本；在人力资源管理中，AI 简历筛选、智能面试等技术大大提高了招聘效率，同时基于员工行为数据的分析，为企业提供了更加精准的人才培养和激励机制；在市场营销领域，AI 能够根据消费者行为数据，实现个性化推荐，增强用户黏性，提高转化率。

（3）探索 AI 的无限可能：从理念到实践。要让 AI 真正成为企业发展的引擎，关键在于如何将这一前沿技术与企业实际情况相结合，实现从理念到实践的跨越。这要求我们不仅要具备前瞻性的战略眼光，更要脚踏实地，可以从下几个方面入手：

明确需求，精准定位：不同企业、不同业务阶段对 AI 的需求各不相同。因此，在引入 AI 之前，需要明确企业的核心痛点，找到 AI 能够发挥最大价值的领域。比如，对于零售业企业而言，利用 AI 优化库存管理、提升顾客体验可能是首要任务；而对于制造企业，通过 AI 实现生产线的智能化升级，提高生产效率和产品质量则更为关键。

构建数据基础，强化数据分析能力：AI 的有效性高度依赖高质量的数据。企业应建立完善的数据采集、存储、处理和分析体系，确保数据的准确性、完整性和时效性。同时，培养或引进具备数据分析能力的专业人才，为 AI 模型的训练和优化提供坚实支撑。

选择合适的 AI 技术和合作伙伴：随着 AI 技术的快速发展，市场上涌现出了众多 AI 解决方案提供商。企业应结合自身需求，审慎选择技术成熟、性价比高、易于集成的 AI 产品或服务。同时，与具有丰富行业经验的 AI 合作伙伴建立长期合作关系，共同探索定制化解决方案，加速 AI 技术的落地应用。

注重人才培养与文化塑造：AI 时代的到来，对企业管理层和员工的素质提出了更高要求。企业应加强内部培训，提升员工的数字素养和 AI 应用能力，同时，构建开放、创新的企业文化，鼓励员工拥抱变化，勇于尝试，为 AI 技术的持续创新和应用提供良好的生态环境。

（4）展望未来：AI 引领的商业变革。随着 AI 技术的不断成熟和应用场景的持续拓展，我们有理由相信，AI 将在更大程度上重塑商业格局，开启一个全新的智能商业时代。在这个时代，企业之间的竞争将更多地体现在对 AI 技术的掌握和运用能力上。因此，作为企业的领航者，我们不仅要紧跟时代步伐，更要敢于引领潮流，积极探索 AI 的无限可能，将 AI 真正转化为推动企业持续成长的核心竞争力。

总之，带老板探索 AI 的无限可能，既是一次对前沿技术的深入探索，也是一场关乎企业战略转型和创新发展的深刻实践。让我们携手并进，在这个充满挑战与机遇的智能时代，共同书写属于我们的辉煌篇章。

目录

第一章　管公司：让AI当你的最牛员工

第二章　搞生产：AI让工厂“自己管自己”

第三章　理财：AI教你当“投资高手”

第一章

管公司：让AI当你的最牛员工

01 提前看到商机：AI怎么帮你预测明年赚多少钱？

AI 预测分析，简直就是企业的未来预测大师，还没发生的事它都门儿清！企业有了它，就像是开了天眼，未卜先知不再是梦，而是每天的必修课。

在数字化时代，企业面临着前所未有的市场竞争和快速变化的环境。传统的决策模式往往依赖管理者的经验和直觉，但这种方式在信息爆炸的今天显得力不从心。为了在这种背景下保持竞争力，越来越多的企业开始借助人工智能技术，特别是 AI 预测分析，来实现对市场和运营的精准把控。

AI 预测分析是利用人工智能技术和机器学习算法，对历史数据进行挖掘和分析，从而预测未来趋势和事件的一种方法。能够帮助企业从海量数据中提取有价值的信息，为决策提供科学依据。具体来说，AI 预测分析在企业运营中发挥着以下几个重要作用。

（1）优化决策。通过 AI 预测分析，企业可以基于实时数据和复杂算法模型，作出更具前瞻性的决策。相比传统的经验决策，这种决策方式更具科学性和准确性。

（2）提高效率。AI 预测分析可以自动化处理大量重复性任务，如数据录入、报告生成等，减少人工干预，提高整体运营效率。

（3）降低成本。通过精准预测，企业可以更好地管理库存、优化生产计划，避免资源浪费，从而降低成本。

（4）增强客户体验。AI 预测分析能够分析客户行为和偏好，提供个性化的产品和服务，提升客户满意度和忠诚度。

（5）风险管理。AI 预测分析可以实时监测企业的运营数据，识别潜在风险，并提前采取应对措施，防止经济损失。

AI 预测分析在企业运营中的应用广泛，涵盖了客户管理、供应链管理、项目管理和财务管理等多个方面。

【案例】AI 预测分析在企业运营中的应用效果

某制造企业主要从事汽车零部件的生产和销售。随着市场竞争的加剧和客户需求的变化，该企业面临着库存管理不善、生产效率低下等问题。为了解决这些问题，该企业决定引入 AI 预测分析技术，对市场需求和库存进行精准预测。

该企业收集了大量的历史销售数据、客户行为数据以及生产数据，并进行了整合和清洗，以确保数据的准确性和完整性。基于整合后的数据，该企业利用机器学习算法构建了预测模型，并对模型进行训练和调优，提高了预测的准确性和稳定性。

利用构建好的预测模型，该企业对市场需求和库存进行了精准预测，调整了库存水平。库存周转率提高了 18.8%，库存成本降低了 14.5%，有效避免了库存积压和浪费的问题。

根据预测结果，企业优化了生产计划，提高了生产效率和资源利用率。生产效率提高了 17.5%，生产周期缩短了 11%。

在实施过程中，该企业还建立了监控机制，对预测模型的性能进行实时跟踪和评估。同时，根据反馈结果，对模型进行持续优化和改进，以提高预测的准确性和实用性。

通过以上一系列精准措施，该企业能够确保产品供应的及时性和稳定性，客户满意度提高了 22.5%，销售转化率提高了 16%。

通过以上理论与案例的阐述可以看出，AI 预测分析作为一种新兴的技术手段，正在逐步改变企业的运营模式和决策方式。借助 AI 精准的预测和优化，帮助企业实现降本增效、提升竞争力。然而，在实施过程中，企业还需要注意数据的质量和准确性、模型的稳定性和可靠性以及人员的培训和支持等问题。

未来，随着技术的不断进步和应用场景的不断拓展，AI 预测分析将在企业运营中发挥更加重要的作用。例如，在智能客服、自动化生产、风险管理等领域，AI 预测分析将为企业提供更加全面和精准的支持。同时，随着云计算、大数据等新技术的不断发展，AI 预测分析的计算能力和数据存储能力也将得到进一步提升，为企业创造更多的价值。

02 做决定不纠结：AI怎么用数据告诉你该选A还是选B？

AI 提高决策质量，就像是给大脑装了最强大脑芯片，思考快如闪电还精确无误；或者说，有了 AI 帮忙，做决定就像开了外挂，选择困难症都治好了！

传统的管理决策方式往往依赖有限的信息和经验判断，这在信息爆炸和市场竞争日益激烈的今天显得力不从心。为了应对这一挑战，越来越多的企业开始借助人工智能技术来优化决策流程，提高决策质量。

AI 能够处理和分析海量数据，从中提取有价值的信息和模式，为决策提供科学依据。传统的数据分析方法往往受限于数据量和计算能力，而 AI 则能够高效地处理大规模数据集，发现隐藏在数据背后的规律和趋势。而且，通过机器学习和深度学习算法，AI 能够对未来趋势进行精准预测，帮助企业提前制定应对策略。AI 还能够模拟不同的决策场景和结果，为管理者提供直观的决策参考。

基于以上历史数据和实时信息，AI能够为企业提供智能化的推荐和优化方案。这些方案往往比人工决策更加精准和高效，能够帮助企业抓住市场机遇，降低成本，提升竞争力。

【案例】AI 在制造业决策支持中的应用

A 制造企业主要从事高端机械设备的研发和生产，因为市场竞争的加剧和客户需求的变化，A 企业决定引入 AI 技术来优化决策流程，以解决生产效率低下、成本控制不力等问题。

A 企业对其生产、销售、财务等多个部门的数据进行了整合和清洗，以确保数据的准确性和完整性。这些数据包括历史销售记录、生产计划、库存水平、成本信息等。

基于整合后的数据，A 企业 AI 自身的学习能力，构建了包括销售预测模型、库存预测模型、成本预测模型等在内的多个预测模型，并通过对这些模型进行训练和调优，提高了预测的准确性和稳定性。A 企业又在所构建的预测模型的基础上，开发了一套智能化的决策支持系统，能够实时监测企业运营数据，自动生成决策建议和优化方案，为管理者提供直观的决策参考。

为了确保系统的顺利实施和有效应用，A 企业还对其管理人员和决策层进行了 AI 技术和决策支持系统的培训，全面提高他们对 AI 技术的理解和应用能力，为系统的后续应用打下了坚实基础。

不仅是案例中的企业，包括引入了 AI 决策支持技术的其他企业，也不同程度地实现了生产计划的智能化优化。系统能够根据实时库存和销售预测结果，自动调整生产计划，确保生产效率和资源利用率的最大化。实施后，A 企业的生产效率提高了约 20%。

引入 AI 技术的企业，也均可实现对成本的精准预测和控制。因为能够实时监测成本数据，发现潜在的成本超支和风险点，就可自动生成成本优化方案。实施后，A 企业的成本控制效果显著增强，成本降低了约 15%。

所有引入 AI 决策支持技术的企业，均能为管理者提供直观、科学的决策参考。通过 AI 生成的决策建议和优化方案，管理者能够更加准确地把握市场动态和客户需求，制订更加合理的市场策略和销售计划。实施后，A 企业的市场竞争力得到增强。

因为 AI 决策支持技术具有风险预警和应对功能，所有引入的企业都能实时监测运营数据，及时发现潜在风险和合规性问题，并自动生成风险预警和应对方案。这为企业提供了及时的风险保障和合规支持。

总之，通过数据处理与分析、预测与模拟、智能化推荐与优化以及自动化与实时性等核心优势，AI 在决策支持中发挥着越来越重要的作用。未来，随着技术的不断进步和应用场景的不断拓展，AI 将在更多领域和层面为企业提供更加全面和精准的决策支持。

03 让公司自己跑起来：流程自动化，老板不用熬夜盯

AI 成了业务流程的超级 DJ，自动打碟调整流程参数，让工作流嗨翻天！或者说，AI 自动化就像个聪明的魔术师，流程参数在手，轻轻一扭，烦琐变高效，神奇得很！

AI 技术的兴起，特别是其在自动化业务流程和自动调整流程参数方面的应用，为企业带来了革命性的变革。

通过分析海量数据，首先，AI 能够帮助企业在动态环境中作出实时决策，例如，AI 可以根据市场趋势自动调整供应链策略，确保库存水平与市场需求相匹配。其次，AI 利用数据预测未来趋势，可以帮助企业更好地管理库存和资源，有助于企业提前规划，避免资源短缺或过剩。最后，AI 能够根据实时

反馈不断调整流程，无须人工干预，即为自适应流程。这种自适应能力使AI能够在复杂多变的业务环境中保持高效运行。

以下是一些企业利用AI自动化业务流程和自动调整流程参数的实践。

【案例】

（1）制造业：智能工厂。在制造业中，智能工厂是AI自动化业务流程的典型应用。通过集成物联网（IoT）设备和AI算法，智能工厂能够实现全流程的自主管理。

以一家汽车制造公司为例，该公司引入了智能工厂系统，通过AI算法对生产线进行实时监控和优化。系统能够自动识别生产过程中的瓶颈环节，并自动调整生产计划，确保生产流程的顺畅进行。此外，AI还可以根据市场需求预测未来销量，帮助公司合理安排库存和生产计划，降低库存成本。

（2）零售业：个性化推荐系统。在零售业中，AI个性化推荐系统成为提升客户体验和销售额的关键工具。通过分析客户的购买历史、浏览行为等数据，AI能够预测客户的未来需求，并提供个性化的产品推荐。

以一家电商平台为例，该平台引入了AI推荐系统，通过分析用户的购物行为和偏好，为用户提供个性化的商品推荐。系统不仅能够根据用户的浏览历史和购买记录推荐相关商品，还能够根据用户的搜索关键词和点击行为实时调整推荐策略。

（3）供应链管理：预测透镜。在供应链管理中，AI预测透镜的应用帮助企业实现了对市场需求和供应链状态的精准预测。通过整合多渠道数据，AI能够分析市场趋势、库存水平、物流状况等信息，为供应链决策提供数据支持。

以一家家电制造企业为例，该企业引入了AI预测透镜系统，实现了对多元化渠道的全面覆盖和精准需求预测。系统能够自动分析历史销售数据、市场趋势等信息，为供应链管理提供实时、准确的需求预测。同时，AI还能够根据预测结果自动调整生产和配送计划，确保供应链的顺畅运行。

（4）人力资源管理：智能筛选与绩效评估。在人力资源管理中，AI 的应用也日益广泛。智能筛选系统可以自动分析求职者简历，匹配合适岗位；同时，AI 还可以通过情感分析进行员工情绪监控，提高团队满意度和工作效率。

以一家科技公司为例，该公司引入了 AI 智能筛选系统，用于招聘流程中的简历筛选和初步面试。系统能够自动分析求职者的简历信息，如教育背景、工作经验、技能水平等，并根据岗位要求进行匹配。此外，AI 还可以通过情感分析技术监测员工的情绪状态，及时发现并解决潜在问题，提高团队的整体满意度和工作效率。

AI 自动化业务流程和自动调整流程参数的应用为企业带来了显著的运营效率和竞争力提升。通过引入机器学习、自然语言处理和计算机视觉等技术，AI 不仅能够执行任务，还能从数据中学习和优化流程，使企业能够更好地应对复杂多变的业务环境，实现持续发展和创新。

随着物联网、增强现实（AR）和虚拟现实（VR）等技术的不断发展，AI 将与这些技术深度融合，形成更加全面的自动化生态系统。企业可以通过连接智能传感器、设备和机器，实时采集数据，并利用 AI 进行预测性维护、智能监控和自动化生产。这将进一步推动企业的智能化转型，实现更深层次的个性化服务和智能决策。

总之，AI 自动化业务流程和自动调整流程参数的应用是企业提升竞争力的关键一步。企业应积极拥抱 AI 技术，结合业务需求制定清晰的转型策略，以确保平稳过渡并实现效益最大化。

04 十年计划不用愁：AI一键生成增长路线图

AI 制订工作计划，简直就是给老板的大脑装了个“未来之光”灯泡，让智慧未来亮瞎眼！

AI 技术的应用正在重塑传统的管理模式，为管理者提供更高效、更智能的决策支持。其中，AI 制订工作计划作为一项新兴应用，正逐渐成为企业提高效率、优化资源配置的利器。

我们要知道，AI 制订工作计划并非凭空而来，而是背后有着坚实的理论基础作为支撑。

AI 制订工作计划利用了运筹学中的优化算法，如线性规划、整数规划、动态规划等，在考虑各种约束条件的情况下，寻找最优或次优的工作计划方案。

AI 制订工作计划利用了机器学习算法，从历史数据中学习工作计划的规律和模式，如任务完成时间、资源消耗情况、员工工作效率等，为制订更精准、更合理的工作计划提供数据支持。

AI 制订工作计划利用了自然语言处理技术，自动解读工作计划相关的文本信息，如项目需求、任务描述、员工反馈等，并将其转化为结构化数据，为制订工作计划提供更全面的信息输入。

AI 制订工作计划利用了知识图谱技术将工作计划相关的知识进行结构化存储和表示，如任务之间的依赖关系、资源之间的关联关系等，为 AI 系统进行推理和决策提供知识基础。

AI 制订工作计划的应用场景十分广泛，几乎涵盖了企业管理的各个方面。为了便于理解，我们重点从三个方面进行阐述。

在项目管理中，AI 可以帮助项目经理自动生成项目计划，并根据项目进度、资源 availability 和风险因素进行动态调整。

在生产制造领域，AI 可以帮助企业制订更精准的生产计划，优化生产流程，提高生产效率。

在人力资源管理方面，AI 可以帮助企业制订更科学的人力资源规划，优化人员配置，提高员工的工作效率。

【案例 1】某互联网公司利用 AI 优化项目计划

某互联网公司面临着项目数量多、任务复杂、资源紧张等挑战，传统的项目管理方式难以满足其快速发展的需求。为此，该公司引入了一套基于 AI 技术的项目管理系统。该系统可以根据历史数据和项目目标，自动生成项目计划，并根据项目进度、资源 availability 和风险因素进行动态调整。通过使用该系统，该公司项目计划的制订效率提高了 28.7%，项目延期率降低了 17.5%，资源利用率提高了 15.8%。

【案例 2】某制造企业利用 AI 优化生产计划

某制造企业面临着市场需求波动大、生产计划调整频繁、库存压力大等挑战。为此，该企业引入了一套基于 AI 技术的生产计划系统。该系统可以根据市场需求、库存情况、设备产能等因素，自动生成生产计划，并根据实际情况进行动态调整。通过使用该系统，该企业生产计划的制订效率提高了 29%，库存周转率提高了 21.5%，生产成本降低了 10.5%。

未来的 AI 制订工作计划系统将更加智能化，能够根据企业的实际情况和外部环境的变化，自动调整工作计划，并为企业提供更精准的决策支持。未来的 AI 制订工作计划系统也将更加个性化，能够根据不同企业的特点和需求，提供定制化的解决方案。

随着 AI 技术的不断成熟和成本的不断降低，AI 制订工作计划系统将更加普及，成为企业管理的重要工具。

AI 制订工作计划作为一项新兴技术，正在为企业管理带来革命性的变化。通过利用 AI 技术，企业可以制订更精准、更合理的工作计划，优化资源配置，提高工作效率，从而在激烈的市场竞争中占据有利地位。相信随着 AI 技术的不断发展，AI 制订工作计划将在企业管理中发挥越来越重要的作用，帮助企业点亮智慧未来。

05 招人不再看走眼：AI帮你筛简历，专挖“潜力股”

AI 人才管理：让企业的人才掌控从此变得比遥控器还顺手！

在人才管理方面，AI 技术以其强大的数据处理能力、智能分析功能和自动化操作，正在帮助企业更有效地聘选人才，优化人才配置，提高管理效率。

AI 人才管理是基于人工智能技术的人力资源管理新模式，利用机器学习、自然语言处理、数据分析等先进技术，对人才进行智能筛选、评估、培养和发展。

相较于传统的人才管理方式，AI 人才管理具有诸多方面的优势。首先是提高招聘效率，AI 技术能够快速筛选简历，精准匹配候选人，大大缩短了招聘周期。其次是优化人才配置，AI 通过对员工绩效和能力的分析，能够为企业提供更精准的人才配置建议，帮助企业实现人才资源的最大化利用。再次是 AI 技术能够自动化处理大量的人才管理工作，减少人工干预，降低管理成本。最后是 AI 通过对员工绩效和能力的持续监测和分析，能够为企业提供人才发展的建议，并根据员工的学习进度和能力水平，为其量身定制培训课程，帮助员工实现职业成长。

【案例】某跨国企业的 AI 人才管理的实践过程及效果

某跨国企业拥有众多员工和复杂的组织结构。因此，该企业逐渐陷入严重的人才管理旋涡中，如招聘效率低下、人才配置不合理、员工流失率高等。为了彻底解决这些问题，该企业创始人力排众议引入了 AI 人才管理系统。

该企业引入的智能招聘系统，能够自动筛选简历，并根据关键词匹配、语义分析等技术，快速筛选出符合要求的候选人。同时，该系统还能对候选人的教育背景、工作经验等进行智能评估，为招聘人员提供更全面的候选人信息。通过智能招聘系统，企业的招聘效率得到了显著提高，招聘周期缩短了近 50%，招聘质量也得到了极大提高。

该企业利用 AI 技术对员工的绩效和能力进行分析，根据分析结果，为企业提供人才配置的建议。例如，当某个部门需要招聘新员工时，AI 系统能够根据该部门的业务需求和员工的绩效表现，推荐合适的候选人。此外，AI 还能根据员工的能力特点和职业兴趣，为其推荐合适的岗位和发展方向。

该企业引入了 AI 驱动的在线学习平台，能够根据员工的学习进度和能力水平，为其推荐个性化的培训课程。该平台还能实时跟踪员工的学习情况，分析学习数据，及时调整培训策略。通过智能培训与发展系统，企业实现了员工培训的个性化和智能化，提高了员工的学习效率和职业发展速度。

企业还利用 AI 技术对员工的绩效进行评估，通过收集和分析员工的工作数据，如工作完成时间、项目成果、客户反馈等，生成详细的绩效报告。这些报告不仅提供了客观的绩效评估结果，还为员工提供了具体的改进建议，实现了绩效评估的客观性和公正性。

通过引入 AI 人才管理系统，企业的招聘周期可以大幅缩短，招聘质量也能极大提高。招聘人员的工作负担得到了减轻，可以更多地关注候选人的综合素质和潜力。AI 技术使绩效评估更加客观和公正，避免了人为评价可能存在的主观偏见。

总之，AI 人才管理以其强大的数据处理能力、智能分析功能和自动化操作，正在帮助企业更有效地选聘人才，优化人才配置，提高管理效率。未来，随着 AI 技术的不断发展和完善，AI 人才管理将在企业中发挥更加重要的作用，为企业的人才战略和可持续发展提供有力支持。

06 绩效考核有依据：数据说话，员工心服口服

AI 绩效管理，就是让数据成为你的“无情”老板，精准评估，绝不嘴软！

在当今这个数字化时代，数据驱动的管理方式正在成为众多企业的核心竞争力。特别是在绩效管理领域，数据的收集、分析与应用不仅能够帮助企业更准确地评估员工的工作表现，还能够推动员工成长，提高整体运营效率。

传统的绩效评估方式往往依赖主管者的主观看法和定期的面谈，评估周期较长，且容易受到人为偏差的影响。随着大数据和人工智能技术的兴起，企业开始利用多维度的数据来量化员工的工作成果，从而提升绩效管理的精准度。

数据驱动的绩效管理具有四个显著优势：首先是客观性，通过自动化的数据收集与分析，企业能够实时掌握员工的工作进展、项目成果，为绩效评估提供客观依据。其次是透明度，数据驱动的绩效管理使员工的工作表现更加透明化和可视化，能够弥补传统面对面沟通中存在的不足。再次是个性化，企业可以识别员工的优势与短板，提出切实可行的改进建议，并定制个性化的职业发展路径。最后是动态性，数据驱动的绩效管理是一个动态反馈的过程。

有效的反馈机制是绩效管理成功的关键。通过实时数据监控和分析，企业能够迅速发现员工的工作问题和潜在需求，并及时给予反馈，帮助员工明确改进方向。鼓励员工参与绩效评估过程，提出自己的意见和建议，形成双向沟通的良性循环。

【案例】谷歌公司的绩效管理实践

谷歌（Google）作为全球领先的科技公司，其绩效管理与考核体系在业界具有极高的知名度和影响力。谷歌通过数据驱动的评估与反馈机制，成功实现了员工绩效的精准管理和高效提升。

谷歌的绩效目标设定遵循具体、可度量、可验证的原则。公司每季度初都会设定公司的目标和主要结果（Objectives and Key Results，OKRs），然后通过分解，再让每个人设定个人的OKRs。员工根据公司的目标，很容易将其与自身的目标进行对比。如果员工个人目标落后得太多，要么给出合理的解释，要么就必须重新设定目标。

谷歌的OKRs具有挑战性，但也不会把所有目标都设定得很激进。每个人的OKRs在谷歌公司内网里都是公开的，每个人都能够看到其他团队和其他人在做什么工作。这种透明化的目标设定方式有助于激发员工的积极性，促进团队之间的协作与沟通。

在绩效评估方面，谷歌曾经采用过复杂的季度考评模式，但后来发现这种考评方式耗时过多，且不能作为衡量薪酬的可信依据。因此，谷歌在2013年年初停止了季度考评模式，改为每6个月进行一次绩效评估。这种考评方式节省了50%的考评时间，使员工在考评结果上能够得到更多反馈。

谷歌的绩效评估等级总共分为几档，通过绩效校准会议来确保绩效结果更加公正、客观。在绩效初评等级最终确定之前，各小组的经理通过会议评审对绩效等级进行校准。此举既避免了经理因为来自员工的压力而作出不客观的评价，也确保了绩效考核结果符合多数人对绩效表现的共同期望。

通过数据驱动的评估与反馈机制，谷歌成功实现了员工绩效的精准管理和高效提升。谷歌的员工流失率显著降低，整体工作效率大幅提高。

谷歌公司的实践案例充分证明了数据驱动的评估与反馈机制在绩效管理中的有效性和优势。

数据驱动的绩效管理正在改变着企业的运营模式和发展轨迹。然而，数据驱动的绩效管理并非万能的。在实际操作中，企业还需要注意平衡数字化工具的冷酷理性与员工管理中的人性化关怀。通过定期的沟通与反馈，了解员工的工作状态和情感需求，制定个性化的激励机制和职业发展路径，才能真正实现绩效管理的价值。

07 省钱又高效：AI把公司资源用到“刀刃上”

AI 玩起资源调配，效率嗖嗖飞，业务灵活得像街舞高手！

随着技术的飞速发展，企业面临的竞争环境日益复杂多变。AI 技术的引入，为企业提供了一种全新的解决方案。通过智能化的算法和模型，AI 能够实时分析、预测和优化资源配置，从而实现资源的高效利用。

【案例】东风集团“擎天——AI 智算管理调度平台”

作为汽车行业的领军企业，东风集团在面对数字化转型的大潮时，积极寻求创新突破。随着智能驾驶、智能座舱、智能车控等关键应用的不断涌现，东风集团对智算算力的需求日益增长。然而，传统的算力资源管理方式存在诸多局限，如资源分配不均、利用率低下等问题，严重制约了业务的快速发展。

为了解决这一问题，东风集团决定打造一款智能化的算力管理调度平台，以实现对算力资源的优化配置和高效利用。

“擎天——AI 智算管理调度平台”的建设方案主要包括以下几个方面。

（1）异构算力统一纳管。平台突破了传统资源管理的界限，实现了对多样化硬件架构的全面支持，包括专为 AI 计算设计的 GPU 和 NPU 等加速卡的管理。使东风集团能够充分利用各种异构算力资源，提高整体计算效率。

（2）多地多中心调度。东风集团跨地域整合算力资源，构建了一个灵活调度的算力资源池。通过智能调度系统，平台能够自动分配和管理算力资源，优化算法和任务的调度效率，大大提高了资源的利用率和业务的灵活性。

（3）第三方资源统一监管。平台创新性地实现了对云服务提供商资源的统一监管。通过与各大云平台的对接，平台能够监控和纳管云上的虚拟机资源，无论是裸金属服务器还是虚拟化环境，都进一步扩展了东风集团的算力资源池，为业务提供了更为丰富的选择。

（4）国产化适配。平台对国产化智算算力芯片提供了适配支持，包括对国产 CPU、GPU、NPU 的适配，在保障信息安全的同时，也可以充分利用国产化芯片的性能优势。

（5）系统管理。平台的系统管理功能涵盖了角色、权限、团队和租户管理等方面，确保了平台的安全性和灵活性。同时，通过数据和服务的隔离，平台还能够满足不同业务场景的需求。

“擎天——AI 智算管理调度平台”有效满足了东风集团各单位对智算算力的需求，为智能驾驶、智能座舱、智能车控等关键应用提供了强有力的技术支持。而且，擎天——AI 智算管理调度平台还具备千卡级、万卡级算力规模的纳管与调度支持能力，为大规模 AI 模型训练和复杂计算任务提供了坚实的算力基础。

同时，平台的建设为东风集团后续 AI 中台的进一步建设打下了坚实的基础。通过整合和优化算力资源，平台为东风集团构建了一个高效、灵活、安全的 AI 生态体系。

通过“擎天 -AI 智算管理调度平台”的建设，东风集团不仅实现了对算力资源的优化配置和高效利用，还提升了业务的灵活性和竞争力。这一成功案例充分展示了 AI 技术在企业数字化转型中的重要作用和价值。

第一，提高运营效率。AI 能够自动化处理大量数据，快速识别并优化资源配置中的瓶颈和浪费，从而提高企业的运营效率。

第二，增强业务灵活性。AI 技术能够根据市场需求和业务变化，快速调整资源配置策略，使企业能够灵活应对市场挑战。

第三，降低运营成本。通过优化资源配置，AI 有助于减少浪费和损耗，从而降低企业的运营成本。

第四，提高决策质量。AI 能够基于大数据和智能算法，为企业提供更为准确、全面的决策支持，帮助企业作出更为明智的决策。

东风集团“擎天 -AI 智算管理调度平台”的成功案例为我们提供了宝贵的经验和启示。在数字化转型的大潮中，企业需要不断创新和突破，积极探索新的技术和模式。通过引入 AI 技术，企业能够实现资源的优化配置和高效利用，从而推动业务的快速发展，促进数字化转型和高质量发展。

08 风险早预警：AI提前30天提醒你“哪里会爆雷”

AI 风险管理与预警，就是那位在你生活里找“雷区”，然后大喊“小心地雷！”的数字管家。

AI 技术的引入为企业带来了诸多便利，但同时也伴随着一系列风险。这些风险可能源于数据的不准确、算法的不完善、系统的脆弱性等多个方面。若不能及时发现并有效应对这些风险，可能会对企业的声誉、财务及发展状况造成严重影响。因此，建立一套完善的 AI 风险管理与预警机制，对于保障企业的稳健运营和持续发展具有重要意义。

预警机制应包括以下几个方面。

（1）实时监测。通过实时监测 AI 系统的运行状态和数据变化，及时发现异常或潜在风险，实现自动化监测和预警。

（2）风险评估。根据风险点的性质和企业的实际情况进行综合判断，对监测到的异常或潜在风险进行评估，确定其可能的影响范围和严重程度。

（3）预警通知。一旦评估确认存在风险，应立即向相关人员发出预警通知，包括风险的具体信息、可能的影响以及建议的应对措施等。

（4）应急响应。收到预警通知后，相关人员应立即启动应急响应机制，采取必要措施。

【案例】某化工厂通过AI技术识别潜在风险点并成功预警

某大型化工企业拥有多个生产厂区，涉及危险化学品的生产、储存和运输。由于生产环境的复杂性和危险性，企业一直高度重视安全生产管理。近年来，随着AI技术的不断发展，该企业决定采用AI技术来加强安全生产风险管理与预警。

该企业的AI风险管理与预警系统的实施如下。

系统架构。该企业设计了一套基于AI的安全生产风险管理与预警系统。该系统包括数据采集模块、风险识别模块、预警分析模块和应急响应模块。数据采集模块负责收集生产过程中的各类数据，包括设备状态、环境监测、人员操作等；风险识别模块利用机器学习算法对数据进行分析，识别潜在的风险点；预警分析模块对识别到的风险进行评估和预警；应急响应模块则负责在收到预警后启动相应的应急措施。

风险识别与预警。在系统运行过程中，数据采集模块实时收集生产数据，并将其传输至风险识别模块。风险识别模块利用深度学习算法对数据进行分析，识别出潜在的风险点，如设备故障、环境监测异常、人员违规操作等。一旦识别到风险，预警分析模块立即对风险进行评估，确定其可能的影响范围和严重程度，并向相关人员发出预警通知。预警通知包括风险的具体信息、可能的影响以及建议的应对措施等。

应急响应与效果评估。在收到预警通知后，企业立即启动应急响应机制，组织相关人员对风险点进行检查和处理。同时，系统还记录了每次预警的处理过程和结果，以便后续进行效果评估和改进。通过多次的实际应用，该系统成功预警了多起潜在的安全生产风险，有效避免了事故的发生。例如，在一次例行监测中，系统突然发出预警，提示某个生产区域的温度异常升高。企业立即组织人员进行检查，发现是设备故障导致的局部过热。得益于系统的及时预警和企业的迅速响应，成功避免了火灾事故的发生。

该案例展示了 AI 技术在安全生产风险管理中的重要作用。通过引入 AI 技术，企业能够实时监测生产数据，识别潜在风险点，并及时发出预警通知。极大提高了风险管理的效率和准确性，为企业的安全生产提供了有力保障。

企业要建立完善的应急响应机制和协调机制，确保各部门能够迅速响应并协同工作。同时，企业还需要加强员工培训和教育，提高员工的应急处理能力和安全意识。

总之，AI 风险管理与预警机制是保障企业稳健运营和持续发展的重要手段。通过识别潜在风险点并建立有效的预警机制，企业可以及时发现并应对 AI 系统中的各类风险。同时，企业还需要加强技术创新、跨部门协作和持续改进等方面的工作，不断提升 AI 风险管理的水平和能力。

第二章
搞生产：AI让工厂“自己管自己”

09 库存不压货、物流不迷路：AI让供应链“零失误”

AI 供应链优化，就像是给物流和库存装上了最强大脑，让它们变得比侦探还聪明！可以这样说：“AI 出手，物流不迷路；库存聪明了，缺货成传说！”

供应链是一个从需求预测到交付的完整闭环，涉及计划、采购、生产制造、物流、仓储等多个环节。AI 的强大之处在于其能够贯穿整个供应链，帮助每个环节实现优化和提升。

【案例】准时达与 JusLink 的应用

准时达是一家致力于供应链优化的企业，通过不断科技创新和产品服务迭代升级，推出了基于 AI 的智能供应链控制塔——JusLink。JusLink 集成了数据、管理、算法模型，能够贯穿供应链的各个环节，为企业提供高效、智能的供应链管理方案。

（1）需求预测与库存优化。JusLink 的计划控制塔通过需求预测实现库存优化和补货策略。企业可以借助需求预测和优化算法，预判市场需求，优化库存水平以降低供应链成本。例如，JusLink 内置了丰富的算法库，包括 Deep-AR、TFT 等深度学习模型，这些模型可以根据业务场景和销售特点，为企业提供精准的销售预测。以准时达的一位客户为例，JusLink 根据其需求预测以及补货策略，帮助其整个库存水位降低了 23%。这一成果得益于 JusLink 的智能需求预测模块，该模块能够灵活调整预测参数，如新品与常规品、商品颗粒度大小、SKU 品类、预测时间的精准度、分销渠道等，从而输出更加准确的结果。

（2）物流监控与异常预警。在物流环节，JusLink 可以实时监控物流状况，并利用 AI 算法进行异常预警，快速提出最优解决方案。JusLink 平台整合了全链路的物流信息、报关信息、交易订单信息，可以生成最优的物流方案，并快速响应和解决突发的物流问题。例如，在跨境运输中，JusLink 可以实时分析运输状况，预估港口的拥堵程度，从而为企业规划最优的运输路线。通过动态 ETA 算法，JusLink 可以实时追踪船舶的位置，配合天气信息预测精准的到港时间，帮助企业动态调整物流计划以及后续的生产、报关等计划。

（3）采购优化与风险管理。在采购环节，JusLink 利用聚类算法、异常检测算法等帮助企业优化采购策略，提高采购效率。同时，JusLink 在风险管理上展现了显著优势。其可以结合外部的热点数据进行自动采集和分析，实时抓取全球热点信息，并与供应链的运营信息深度结合，自动生成预警信息。

AI 模型会根据识别到的风险提示，主动结合运营数据进行分析，精准识别潜在风险，并预测这些风险带来的影响范围。通过 AI 的智能决策，JusLink 可以帮助用户快速处理风险，确保供应链的稳定性。

通过准时达与 JusLink 的应用案例，我们可以看到 AI 在供应链优化中的实践效果。

AI 技术通过自动化流程、智能预测等手段，显著提高了供应链的运营效率。例如，通过动态调整库存水平，企业可以减少库存积压和缺货问题，提高仓储效率。同时，AI 还可以帮助企业识别运营过程中的瓶颈，通过优化流程减少人工干预。

AI 供应链优化有助于企业降低运营成本。通过精准的需求预测和动态库存管理，企业可以减少库存成本。此外，AI 还可以帮助企业规划最优的物流方案，降低物流成本。

AI 技术可以提高供应链的韧性，使其更能应对外部风险。通过实时抓取全球热点数据，并与供应链的运营信息深度结合，AI 可以精准识别潜在风险，并预测这些风险带来的影响范围。

AI 供应链优化有助于企业提升客户满意度。通过精准的需求预测和动态库存管理，企业可以确保产品的及时供应，减少缺货问题。同时，AI 还可以帮助企业优化物流方案，缩短交货时间，提高客户体验。

如今，AI 技术在供应链优化中的应用正逐渐改变物流和库存管理的游戏规则，随着 AI 技术的不断发展和创新，未来的供应链将更加智能和高效。企业应积极拥抱 AI 技术，推进智能供应链建设，以在激烈的市场竞争中占得先机。通过构建更敏捷、高效的供应链体系，企业将能够更好地满足客户需求，实现可持续发展。

10 设计快10倍：画个草图，AI直接把创意落地

有了 AI 辅助，产品设计不再只是空想，而是像魔术一样，“嗖”的一下，创意就变成了实物！

如今，AI 已不再仅仅是科幻电影中的桥段，而是逐渐渗透我们生活的方方面面。特别是在产品设计与仿真领域，AI 的辅助作用越发凸显，让创意从脑海中的火花变成现实中的杰作变得更加迅速和高效。

想象一下，如果你的创意能像超级英雄一样拥有“瞬间移动”的能力，从构想到实现只需一眨眼的工夫，那该是多么令人兴奋的事情！

【案例】Altair 的 AI 之旅

Altair 在计算智能领域是响当当的存在，一直致力于帮助企业利用数字孪生、智能模型以及仿真、HPC（高性能计算）和 AI 的融合来预测和优化系统

结果。它的目标很简单也很宏大：通过 AI 技术，让企业的产品设计更加高效、精准和创新。

在 Altair 的平台上，可以找到各种强大的工具来帮助你实现设计梦想。比如 HyperWorks 等工具级的产品，可以轻松地进行仿真和建模；还有数据科学平台 RapidMiner，像是一个超级大脑，能够处理和分析大量的数据，找出其中的规律和趋势。

Altair 的 AI 技术融合更是让人眼前一亮。通过零代码、端到端、面向大众的数据科学和 AI 平台，让即使是没有深厚技术背景的人也能轻松上手。RapidMiner 的模块化拖动操作形式简洁明了，就像是在玩一个高级的拼图游戏，只需要将各个模块按照需求拼接起来，就能得到一个完整的数据处理流程。

更值得一提的是，Altair 的 AI 技术还能实现模型降阶和数字孪生等关键技术。这意味着可以用一个更简单的模型来代替复杂的实际模型进行仿真和分析，从而大大提高计算效率。就像在看电影时，你不需要看到每一个细节，只需要抓住关键情节就能理解整个故事一样。

在 HyperMesh 中，Altair 集成了 AI 技术来帮助仿真提效。比如 Design Explorer 功能，可以直接在可视化环境中对模型进行交互和操作，更加直观地看到设计的变化和效果。而 PhysicsAI 则更是强大，可以通过学习历史仿真数据的云图结果来预测新的设计效果。这就像你有了一个能够预知未来的超能力一样，让你在设计过程中少走弯路，更快达到目标。

以 Altair 的一个实际案例为例：某汽车制造商在开发新款车型时遇到了一个问题：如何在保证安全的前提下降低车身重量以提高燃油效率？传统的方法可能需要经过大量的实验和仿真才能找到最优解，但这样不仅耗时耗力而且成本高昂。而 Altair 的 AI 技术则提供了一种更加高效和精准的解决方案。通过分析大量的历史数据和仿真结果来训练一个预测模型，然后利用这个模型来预测不同设计方案的效果。最终，该汽车制造商成功地找到了一种既安全又轻便的车身结构方案，大大提高了燃油效率并降低了生产成本。

AI 在产品设计领域就像一个拥有超能力的助手，不仅能理解你的需求，还能根据你的指令进行“思考”和“创作”。就像给非人类赋予人的情感和特征一样，AI 通过学习和模仿，能够生成符合你期望的设计方案。

有了 AI 的辅助，产品设计变得更加高效和精准。AI 能够快速分析大量数据，找出最优解，就像在马拉松比赛中使用了“瞬间移动”技能，直接跨越了漫长的赛道，到达了终点。

AI 不仅是一个工具，更是一种思维方式。能让我们重新审视产品设计的本质和目的，思考如何更好地满足用户的需求和提升产品的价值。

在这个充满挑战和机遇的时代，AI 已经成为产品设计与仿真领域不可或缺的一部分。它像一个拥有超能力的助手，能够帮助我们更快地实现创意、提高设计效率并降低生产成本。同时，AI 也让我们重新审视产品设计的本质和目的，思考如何更好地满足用户的需求和提升产品的价值。

所以，不要害怕尝试新的技术和方法。就像勇敢的探险家一样，去探索未知的领域、发现新的宝藏吧！让 AI 成为你创意的翅膀，带你飞向更高更远的地方。

11 质检不用人：摄像头一扫，瑕疵立马现形

AI 瑕疵检测全靠一双锐利的“电子眼”，通过视觉识别和图像识别技术，“嗖嗖嗖”地扫描一遍，任何瑕疵都逃不过它的法眼。

在智能制造的大潮中，AI 瑕疵检测如同一双锐利的眼睛，默默守护着生产线的每一个环节。它凭借视觉识别与图像识别的强大能力，让瑕疵无所遁

形，为产品质量筑起一道坚实的防线。

AI瑕疵检测，基于深度学习算法，通过机器视觉技术，自动从大量的图像数据中学习到与瑕疵相关的特征，就像一个不断进化的“超级侦探”。

例如，在布匹瑕疵检测中，AI能够精准识别出磨损、污渍、破洞等不同瑕疵的特征模式，无须人工手动设计复杂的特征提取器。这就像一个聪明的侦探，通过观察布匹的“表情”，就能准确判断出它是否“受伤”。

AI瑕疵检测与传统的基于人工特征提取的瑕疵检测方法相比，最大的优势在于其自动化和智能化。它不需要人工去设定复杂的规则，而是能够通过学习不断自我优化，适应各种复杂多变的瑕疵形态。这就像是一个不断成长的“质检小能手”，越用越聪明，越用越顺手。

【案例】某手机制造厂的AI瑕疵检测之旅

某手机制造厂曾经面临着一个严峻的问题：手机屏幕的缺陷检测效率低下，缺陷率高居不下。既影响了产品质量，又增加了生产成本。为了解决这个问题，他们引入了AI瑕疵检测系统。

AI瑕疵检测系统采用先进的图像识别技术，能够精准识别手机屏幕上的各种微小缺陷。在引入该系统后，手机屏幕的缺陷检测速度提升了5倍，缺陷率降低了80%！这一成果让手机制造厂惊喜不已。

通过AI瑕疵检测系统，手机制造厂实现了对生产线的实时监控。一旦发现缺陷产品，系统立即报警，并自动分拣出有瑕疵的零部件。大大提高了产品质量，降低了生产成本，为企业带来了实实在在的效益。

通过以上理论结合案例的阐述可以看出，AI瑕疵检测助力企业提升了综合竞争力。具体可以概括为以下几点。

（1）提高产品质量。AI瑕疵检测能够精准识别出产品中的瑕疵，避免了瑕疵产品流入市场，从而提高了产品质量。这对于企业来说至关重要。在竞争激烈的市场环境中，产品质量是企业立足之本。只有确保产品质量过硬，才能赢得消费者的信任和口碑。

（2）提高生产效率。传统的质检方式需要人工逐一检查产品，耗时耗力。而 AI 瑕疵检测系统则能够实现对生产线的实时监控和自动分拣，大大提高了检测速度和准确性。既节省了人力成本，又缩短了生产周期，提升了企业的市场竞争力。

（3）降低成本。一方面，通过减少瑕疵产品的产生，降低了废品率和返工率；另一方面，通过提高生产效率和节省人力成本，进一步降低了企业的运营成本。

（4）推动智能化转型。通过引入先进的 AI 技术，企业实现了生产过程的自动化和智能化管理。提高了企业的生产效率和质量水平，为企业未来的智能化发展奠定了坚实的基础。

随着技术的不断进步和应用场景的不断拓展，AI 瑕疵检测将拥有更加广阔的发展前景。一方面，随着深度学习算法的不断优化和机器视觉技术的不断创新，AI 瑕疵检测的精度和效率将不断提高；另一方面，随着 5G、物联网等新技术的不断普及和应用，AI 瑕疵检测将实现与更多智能设备的无缝连接和协同工作，为企业提供更加全面、智能的质检解决方案。

12 机器自己“看病”：提前进行维护，延长设备使用寿命

AI 预测性维护，就像给机器请了个私人医生，提前算出啥时候会“感冒”；这样一来，机器就能少“请假”，多干活啦！

AI 预测性维护作为一种先进的维护策略，通过收集设备运行数据，利用数据分析和建模技术，识别出设备的潜在故障或性能下降趋势，从而提前进

行维护操作，有效降低了设备故障导致的生产中断风险。

AI技术通过集成传感器、数据分析、机器学习算法等，实时监测设备的运行状态，包括温度、振动、压力、电流等关键参数。这些数据被用于训练预测模型，使其能够学习设备的正常运行模式和故障前兆特征。一旦模型检测到数据异常，即表明设备可能存在潜在故障，系统会立即发出预警，提示维护团队提前进行检修。

相比事后维修和定期预防性维护，预测性维护能够更精准地定位故障，减少不必要的维护支出。最重要的是，减少停机时间和维修次数，直接提高了设备的利用率和生产效率。

【案例】百事公司Frito-Lay工厂的AI预测性维护实践

百事公司（PepsiCo）旗下的Frito-Lay工厂是全球知名的零食生产商，其产品种类丰富，生产线复杂。在传统维护模式下，设备故障导致的停机时间严重影响了生产效率。为了缩短停机时间，提高设备性能，Frito-Lay工厂引入了AI预测性维护系统。

首先，Frito-Lay工厂对生产线上的关键设备进行了传感器部署，实时收集温度、振动、压力等运行数据。这些数据被整合到中央数据库中，为后续的模型训练提供基础。

其次，利用机器学习算法，Frito-Lay工厂的训练团队基于历史故障数据和实时运行数据，构建了预测性维护模型。模型经过多次迭代优化，提高了故障预测的准确性和可靠性。

一旦模型检测到设备数据异常，预警系统立即触发，将故障预警信息发送给维护团队。维护团队根据预警信息，提前安排检修计划，确保在设备故障发生前进行维护。

通过AI预测性维护，Frito-Lay工厂成功缩短了设备故障导致的停机时间。据统计，引入AI预测性维护系统后，工厂的生产能力增加了4000小时，显著提高了生产效率。预测性维护使维护团队能够更精准地定位故障，减少了不必要的维护支出。同时，通过预防性维护，延长了设备的使用寿命，进一步降低了维护成本。减少停机时间和故障频率，确保了生产线的稳定运行，从而提高了产品的质量稳定性和一致性。

Frito-Lay 工厂的 AI 预测性维护实践表明，AI 技术在制造业维护领域具有巨大的应用潜力。通过实时监测设备运行数据，利用机器学习算法进行故障预测，企业能够提前采取行动，避免设备故障导致的生产中断。

AI 预测性维护的实施策略如下。

（1）明确实施目标。在实施 AI 预测性维护前，企业应明确自身的维护需求和目标，如减少停机时间、降低维护成本等。

（2）技术评估与选型。根据企业的实际情况和需求，选择合适的技术方案和供应商。同时，对现有人员进行技术培训，确保他们能够熟练使用 AI 预测性维护系统。

（3）数据管理与整合。建立统一的数据管理平台，整合来自不同设备和系统的运行数据。确保数据的完整性、准确性和时效性，为模型训练提供可靠的基础。

（4）模型训练与优化。基于历史数据和实时数据，构建预测性维护模型。通过不断迭代优化，提高模型的准确性和可靠性。同时，建立模型评估机制，确保模型在运行过程中的持续有效性。

（5）预警与调度系统。建立预警与调度系统，确保在模型检测到设备数据异常时，能够及时触发预警信息，并安排合适的维护计划。

总之，AI 预测性维护在降低停机时间、节省维护成本、提高产品质量和员工满意度方面具有显著成效。为了充分发挥 AI 预测性维护的潜力，企业需要制定科学的实施策略，加强技术研发与人才培养，建立完善的数据管理和模型评估机制，确保项目的顺利实施和持续优化。

13 订单再多也不慌：AI自动排班，产能拉满

AI 排产调度，订单一来，计划自来，比任何最准的计划都准！产能多少，它心里有数，比会计还清楚账本！

随着人工智能技术的快速发展，AI 自动化排产与调度系统正逐步取代传统的人工排产方式，成为制造业的新宠。

AI 自动化排产与调度系统是基于先进的算法和数据分析技术开发的智能化管理系统。利用计算机软件、数据算法等技术，自动化地进行生产任务的排程和资源分配。通过实时接收和处理各种生产数据，包括订单需求、生产能力、库存状况、设备情况等，AI 系统能够自动生成最优的生产计划，并实时调整以应对各种生产变化，确保生产计划的准确性和及时性，确保生产计划的全面性和可行性，避免生产过程中的资源浪费和瓶颈问题。

【案例】某汽车零部件制造企业采用 AI 自动化排产与调度系统

某汽车零部件制造企业面临的主要挑战包括：订单种类繁多，交货期紧张；生产线能力有限，需要优化资源分配；库存成本高，需要降低库存积压。为了解决这些问题，该企业果断采用了 AI 自动化排产与调度系统。

在实施 AI 自动化排产与调度系统之前，该企业首先进行了需求分析，明确了系统的功能和目标。随后，企业收集了订单数据、生产线数据、物料数据、设备状态数据以及人员安排数据等，为系统的实施提供了充足的数据支持。

根据需求分析结果，企业选择了一款适合自身需求的 AI 自动化排产与调度系统，并结合实际情况进行了定制化开发。系统集成了订单管理、生产计划、资源调度、库存管理等模块，实现了生产流程的全面自动化。

在系统实施完成后，企业进行了系统的测试和优化工作。通过模拟实际生产场景，验证了系统的准确性和可靠性。同时，根据测试结果，对系统进行了进一步的优化和调整，确保系统能够满足企业的实际需求。

通过以上案例的阐述可以知道，AI 自动化排产与调度系统的应用效果。

AI 自动化排产与调度系统通过复杂的算法对生产任务进行优化，自动识别生产瓶颈，优化资源分配，使生产计划更加科学、合理，避免了生产过程中的资源浪费和瓶颈问题。

通过 AI 自动化排产与调度系统的应用，企业的生产效率得到了显著提高。同时，系统还能够优化生产线的负荷分配，确保生产线的稳定运行，使企业的生产周期缩短，交货期得到了有效保障。

AI 自动化排产与调度系统通过精准的需求预测和库存管理，降低了企业的库存成本。系统能够根据历史数据和市场需求预测未来的采购需求，帮助企业制订合理的采购计划。同时，系统还能够实时监控库存情况，避免库存积压和短缺问题的发生。使企业的库存周转率提高，库存成本得到了有效控制。

AI 自动化排产与调度系统还为企业提供了强大的决策支持能力。系统能够整合企业各个系统的数据，提供精准的业务洞察和预测。这使企业能够更加科学地制订生产计划、采购计划等战略决策，提高了企业的市场竞争力。

未来的 AI 自动化排产与调度系统将具备更高的智能化水平。通过深度学习和强化学习等技术，系统能够自动识别和优化生产流程中的瓶颈问题，实现生产计划的智能化生成和调整。

随着云计算技术的不断发展，未来的 AI 自动化排产与调度系统将更倾向于采用云端部署方式。通过云端 AI 平台，企业可以实现跨地域、跨部门的协同管理，提高企业的敏捷性和响应速度。同时，云端部署还能够降低企业的 IT 成本和维护成本，提高企业的经济效益。

14 成本砍一半：AI优化生产线，废料变利润

AI 生产优化，就是让机器人比你还懂省钱和加速，效率飙升，成本跳水！

随着科技的飞速发展，AI 在生产优化领域的应用日益广泛。AI 不仅能够提高生产效率，还能够显著降低生产成本，为企业的可持续发展注入新的活力。

AI 技术能够赋能工业机器人，使其具备更强大的学习与适应能力，执行更复杂的任务，从而推动自动化生产迈向新的高度。

AI 在预测性维护方面展现出巨大的潜力。通过深度学习算法，AI 模型能够分析设备的历史运行数据，预测潜在的故障点，并提前进行维护。这种维护方式不仅减少了非计划停机时间，还延长了设备的使用寿命，降低了维护成本。

AI 质检系统能够捕捉到人眼无法察觉的细微瑕疵，严守产品质量关。凭借超高清摄像头与先进图像处理技术，AI 质检系统能够自动识别与分类产品缺陷，提高检测速度与准确度。这不仅减少了专业质检人员的依赖，还促进了生产流程的标准化与规范化。

AI 智慧调度系统通过实时分析生产数据与市场动态，精准调配生产计划与资源。这种动态优化的生产方式，能够赋予生产流程前所未有的敏捷与弹性，确保企业能够快速响应客户需求变化。

AI 在智能决策支持中的应用，能够为企业提供科学决策建议。通过对历

史数据与实时信息的深度分析及挖掘，AI系统能够预测市场趋势，指导新产品开发决策。此外，AI系统还能预测原材料价格波动、供应风险等因素，帮助企业制定合理的采购策略，有效管控成本。

【案例】某制造业公司AI生产优化实践

某制造业公司是一家专注于高端装备制造的企业，在行业内享有盛誉。面对生产效率低下和成本高昂的困境，该制造业公司决定借助AI技术实现生产流程的智能化升级。

为了通过AI技术优化生产流程，提高生产效率，同时降低生产成本，增强市场竞争力，企业引入了基于AI技术的智能质检系统，用于替代传统的人工质检方式。该系统采用超高清摄像头和先进图像处理技术，能够自动识别与分类产品缺陷。通过实时反馈缺陷数据，智能质检系统为工艺改进提供了有力依据，进一步提高产品的合格率。

针对设备故障频发的问题，该企业部署了AI驱动的预测性维护系统。该系统通过分析设备温度、振动、声音等运行数据，提前预判设备故障，实现精准维护。此举不仅大幅度缩短了意外停机时间，还延长了设备的使用寿命，降低了维护成本。

为了优化生产计划与资源配置，该企业引入了AI智慧调度系统。该系统通过实时分析生产数据与市场动态，精准调配生产计划与资源。这种动态优化的生产方式，使公司能够快速响应客户需求变化，提高了生产效率与客户满意度。

该企业还利用AI与数字孪生技术，革新了产品设计与仿真流程。通过模拟多变的运行条件与复杂负载，AI系统精准优化了产品结构，提升了产品性能。此外，数字孪生技术还模拟了产品全生命周期的使用情况，为企业的售后服务与环保策略提供了科学依据。

通过引入AI技术，该制造业公司的生产效率得到了显著提高。智能质检系统大幅提高了检测速度与准确度，减少了人工质检的依赖。预测性维护系统缩短了设备故障导致的停机时间，提高了设备利用率。智慧调度系统优化了生产计划与资源配置，使生产流程更加顺畅。

随着生产效率的提高和成本的降低，该制造业公司的市场竞争力显著增强，能够更快地响应客户需求变化，提供更高质量的产品和服务。同时，该企业还能够通过优化生产流程，降低生产成本，提高盈利能力。

综上所述，AI 技术在生产优化领域的应用具有广阔的前景和巨大的潜力。通过引入 AI 技术，企业能够实现生产流程的智能化升级，提高生产效率，降低生产成本，增强市场竞争力。

15 AI加持智能工厂：机器干活，老板喝茶

AI 智能工厂：让生产线变身高科技魔术师，一键开启自动化、智能化、数字化的魔法秀！

在当今全球制造业的竞争格局中，AI 智能工厂已成为推动生产效率、质量控制和成本优化的关键力量。通过实现生产过程的自动化、智能化和数字化，企业不仅能够大幅提高生产效率和产品质量，还能在激烈的市场竞争中保持领先地位。

AI 智能工厂通过引入机器人、自动化设备和先进的制造系统，能够大幅减少人工干预，提高生产效率。自动化生产线能够 24 小时不间断运行，降低人工错误率，确保产品质量的一致性和稳定性。

AI 技术通过大数据分析、机器学习等手段，为工厂提供智能化的决策支持。从生产计划到库存管理，从质量控制到设备维护，AI 能够实时分析生产

数据，预测潜在问题，并自动调整生产参数，优化生产流程。

AI 智能工厂通过数字化平台，实现生产全过程的透明化和可视化。企业可以实时监控生产状态，追踪产品质量，及时调整生产计划，确保生产流程的顺畅和高效。

【案例】上汽大众 MEB 智能工厂分析

上汽大众 MEB 智能工厂位于上海安亭，是大众汽车集团全球首个专为 MEB 平台车型生产而全新建造的工厂，也是目前国内生产规模最大、效率最高的纯电动汽车工厂，充分展示了 AI 智能工厂在生产过程中的自动化、智能化和数字化优势。从以下四个方面进行详细阐述。

首先是自动化生产线的应用。

MEB 智能工厂在自动化生产方面取得了显著成果。工厂内配备了超过 1400 台工业机器人，这些机器人覆盖了从冲压、车身、油漆到总装的整个生产过程。

冲压车间采用 APS 高级排程技术，实现冲压计划自动化排布，优化冲压生产库存，提高生产效率。

车身车间应用全球首次在线绝对测量系统方案，实时高效地监控白车身尺寸质量状态，确保产品质量。

油漆车间作为大众集团全球首个 120JPH 的全新环保工艺的油漆车间，将智能制造与环保工艺有机结合，大幅度降低换色时耗费的油漆和溶剂。

总装车间通过采用高精度视觉系统，首次实现高柔性仪表板全自动安装及头道密封条全自动安装方案，提高了总装效率。

其次是智能化管理系统的构建。

工厂通过搭建生产服务总线（PSB）平台，实现了设备互联、数据采集和分析，为智能制造提供了关键支撑。

PSB 平台为上汽大众工业互联网平台连接设备提供统一解决方案，帮助实现工业设备互联。通过采集关键设备和生产全过程数据，进行实时监控和异常处理，确保生产过程的稳定进行。

MEB智能工厂的信息管理系统集成了四大车间及电池车间的中控系统，以及能源环境系统、智能物流系统、质量管理系统等。系统采集各车间产品及设备数据，分析处理后形成工厂级生产数据报告，并实时展示工厂各车间生产状态。

基于大数据分析，MEB智能工厂能够实现对生产过程的精准预测和高效决策。例如，通过预测透镜等技术手段，工厂能够精准预测市场需求，优化生产计划，降低库存成本。

再次是数字化平台的实施。

工厂通过实施数字化平台，实现了生产全过程的透明化和可视化。

在产品开发和工艺及工装设备开发全过程中，MEB智能工厂全面应用数字化和虚拟仿真技术。通过智能化技术的应用，建立基于MBD产品全生命周期的工艺管理平台，实现了从工艺方案的人工编排到“一键式”生成的转变。

基于一网到底的全覆盖工业以太网和智能基础硬件，MEB智能工厂实现了各类生产数据的自动采集和汇总。依托自主开发建设的生产运营管理系统和数字化运作系统，工厂能够实现对安全、生产、设备、物流、质量、人员等多维度的要素覆盖，并满足不同管理层级运营管理需求。

MEB智能工厂通过数字化技术赋能质量管理。例如，在整车加热件检测中，工厂采用热成像技术，实现对产品质量的实时监测和预警。

最后是5G技术的融合应用。

MEB智能工厂在5G技术的应用方面也取得了突破。工厂搭建了5G基站和边缘计算服务器等硬件设备，建立了5G通信网络。通过5G技术，工厂实现了基于手持终端的数字孪生和专家库模块，系统导入工厂设备三维模型，实现所见实物与数字模型的数据叠加。这不仅提高了生产效率，还降低了维护成本。

上汽大众MEB智能工厂作为汽车制造业的典型案例，充分展示了AI智能工厂在实际生产中的应用和成效。未来，随着AI技术的不断发展和应用，AI智能工厂将呈现更加广阔的发展前景，为制造业的高质量发展提供有力支撑。

第三章
理财：AI教你当“投资高手”

16 小白也能理财：AI推荐最适合你的赚钱方案

数据在影响经济，智能 AI 也在以精准数据、低成本的运作模式影响我们每一个人的经济状况。这种认知遭遇颠覆的感觉，将一直持续，行得越远，越会超出我们的想象！

智能投资顾问，也被称作机器人投顾，它是一种人工智能与大数据算法相结合，专门为投资者提供精准个性化投资建议，资产管理相关服务的创新应用模式。基于数据化先进的金融模式模型与算法技术，客户可以通过 AI 智能化在线平台，享受由 AI 机器人自动化运作下的相关配置服务。而就其工作原理而言，最核心步骤包含了风险评估与信息收集，个性化投资建议，投资板块决策、执行等多方面的内容。

【案例】

随着金融科技热潮来袭，金融投资领域的智能产品，可以说是百花争艳，各显神通，而“贝塔牛”就是其中。

这款智能金融投资顾问产品，不但操作简单明晰，还能运用最新的金融科技为客户提供更智能、更个性化的投资理财服务。它会根据客户不同的风险偏好推出最适合他们的配置策略，既节省了客户分析的时间，又能以更精准到位的分析，满足客户不同段位的理财需求。

在多种“贝塔牛”理财工具中，“小白理财”会通过智能化数据，对目前库内货币基金收益加以比对，帮助客户选出最适合自己的货币基金，并在交易策略上提供上亿元级别的大额智能申购和赎回，这样不仅优化了申购交易系统，还让客户手里闲置的资本有了更好的叠加之所。

此外，对于那些渴望降低风险，投资稳健的客户，“贝塔牛”还推出与之相应的“风险均衡”策略，该策略主要配置对象为债券型基金和股票型基金，通过合理配比，平滑单一资产，便可有效抑制投资大幅波动，从而达到风险可控，收益稳健的核心目的。

在股票投资方面，“贝塔牛”利用智能系统和数据分析的精准便利，帮助投资者提高自身投资策略，不论是在选股模型、组合构建模，还是从择时模型、组合再平衡模型，都可以为客户提供更多元、更灵活、更翻转的投资建议和策略设计。

这些操作策略将通过信息推送的方式，发送到客户的手机终端，这样客户便可在获得战略依据后，快速地在投资行动上作出反应，精准定位，及时下单，既节省了时间，又能快速地抢占先机。客户可以在自主决策下采纳智能 AI 的投资建议，也可以通过手机证券“一键下单”，功能化、批量化地完成自己认购产品的操作和处理。

“贝塔牛”智能投资顾问系统的推出，最核心的目的是在给客户精准画像的同时，最大限度地解决中小型客户的纠结痛点。客户由于投资经验不足，手中的钱一进入市场，便无法对投资前景作出理性判断，而专业性的投资顾问有限，自己可为之投入的资本也有限，想要赢得专业人士的指点，又不至于付出过高的成本，便成为摆在他们面前最迫切想要解决的问题。而强大的“贝塔牛”智能投资顾问，却可以结合自身数据优势，反转互联网势能特点，无限量地扩大理财服务的助力范围，针对不同客户的投资目标及风险承受能力，给予客户贴身指导，制定最适合他们的投资理财策略设计，帮助他们更好地调节资本运作节奏，从而进一步地克服盲目投资行为带来的风险，规避行动不理智带来的经济损失。

AI 在金融领域的灵活应用，智能投资顾问模型系统的兴起，无形地为投资市场营造了一抹更新鲜的活力，人们的投资变得更精准、更有效率、更精细化，也更加的理性。这不仅大大鼓舞了投资人在投资理财方面的热情，也推动了整个金融领域在行业间的创新、发展与变革。智能投资顾问将在推陈出新的进程中，以更高效、更个性、更低成本、更富精准性的全天候服务优势，优化人们的投资方式，引领市场模式化进程。

随着人工智能技术的不断进步、金融科技生态链条的进一步完善，智能投资顾问必将在不远的将来，在众多客户，投资人的生活中扮演更为重要的角色，推动整个金融体系的转型、优化和完善。

17 炒股不跟风：AI告诉你该买还是该抛

AI 最大的好处，就是在提前收纳数据的同时，最大限度地为我们省去了烦琐的分析时间。以 AI 为支点，即使是投入再小，也能撬动属于自己的一片天。

时下，AI 驱动模型越发受到对冲基金和机构投资人的专注和青睐，他们慢慢依赖上了这款产品，结合其对股票市场走势的预测优势，投资组合的管理性能，对手中的每一只基金股票加以更有信心的把握和更富策略性的操作。

这些模型，不但可以对过去的市场加以分析，还可以对标最新的突发新闻，财报信息，助力投资者对下一步的市场走势进行更精准的判断、分析和行动。而现如今，人工智能在金融市场预测中的广泛应用，已经涉及了量化交易、风险管理、市场情绪分析等多个领域。

【案例】

面对风云变幻的金融市场，基金经理如何对这个信息爆炸的世界作出反应，交易员如何对市场脉动拥有更迅速的把握，运营经理如何高效地抢占市场先机？AIAgent凭借其强大的数据分析处理能力，在广泛场景运作间自由反转，成为当下金融市场趋势领域变革中破局的关键利器。

AIAgent是人工智能作用下的一种集合深度学习模型、插件工具、执行流程等一系列智能实体的组合，具有代理功能的分析型产品，不但能够自主地分析时下金融市场的运作行情，还能及时对投资人的行动作出反馈，助力其更好地对投资项目加以决策，推动执行任务的高效进行。

这款产品是怎样运作的？首先，AIAgent通过手机采集大量金融数据，并对其所收集的内容，细致地加以处理和分析，构建出一种更高效、更精准的数据模型和知识体系。其次，凭借这个基础模型的设置，AIAgent将在机器学习算法的进程中，对其进行进一步的训练、延展、优化和完善。

成型的AIAgent产品，通常都包含数据收集、预处理模块、特征工程、模型训练、决策引擎等多个关键组件，此外它配备了实时监控、实时反馈的相应机制，确保模型在应用进程中的持续优化，还强化了预测过程中分析策略的有效性。

举个例子来说，Two Sigma，是量化对冲基金领域的佼佼者，广泛运用于AI与机器人学习技术的某些市场。这款产品在AI系统处理上，收集了海量的市场数据，不论是交易记录、新闻事件，还是社交媒体发出的信息，都一一进行提炼，在决策设计上体现出了领域中非凡的洞见。

Two Sigma公司利用自然语言处理算法（NLP）来分析新闻文章和社交媒体帖子中最为关键的数据和信息，这些内容都可以用来识别各种商品市场的趋势，以及买卖间群众对其所抱以的态度，以更精准的方式识别出不同客户在自我设定的投资组合中所要承担的潜在收益和风险，最大限度地赢得收益。

看！人工智能就是这样，悄无声息地改变着金融市场，一步步成为客户心中最可靠、最高效、投入成本最低的有力工具。对于一个希望利用AI力量的企业来说，有效进行市场分析、市场预测，无疑是摆在自身发展面前的明智选择。唯有精准掌控市场，才能在借力AI发展的前沿，勾画品牌定位，抢占商机。

18 自动赚钱机器：设定策略，AI 24小时盯盘

如果你现在还在一次次手动完成交易，即使是速度再快、经验再丰富，也必将被 AI 算法的强进操作系统取代。不主动出击适应环境，一旦别人先一步扳动阀门，再甜的瓜你也只能干看着！

现如今，在金融市场领域，AI 交易早已在客户眼中成为一股不容忽视的力量。借助人工智能和大数据分析的强进算法，交易者不但可以在交易进程中构建出个性化的交易策略，还能更高效地调整自身战略节奏，让每一个细节变得更高效、更富精准性。这样的操作模式，不但能够推动交易中高收益的可能性，还能在降低风险的同时，进一步为客户节约成本。

所谓 AI 交易，无非就是使用人工智能算法，有效率地完成自动化交易流程，它是一种通过计算机程序，对当前市场数据进行精密分析，并在相对理性的思维作用下实现的交易决策过程，其所依托的就是机器学习算法和大数据技术分析，不断地搜索市场中的潜在机会，最终在目标锁定的同时，快速迅捷地完成自动化买卖操作。

AI 交易，有着它特有的交易优势和灵活属性，连续 24 小时无间断地工作，实时监控市场动向，高效能操作，助力客户及时锁定交易机会。反应迅速，可以在毫秒级别内快速完成交易指令，大数据支撑，让整个决策更加精准，规避不理性交易，降低了人为情绪所带来的干扰。

毫无疑问，这些操作中的亮点很快就成为投资者投资历程中不可或缺的陪伴，既提高了效率，又有效避免了操作失误所带来的损失和悔恨，为后续

精准交易策略的实施，打下了坚实、牢固、迅捷、精准的效率基础。

【案例】

DeepSeek这款AI产品一经上市，便犹如一头洪水猛兽闯入奔流的股市，一再刷新人类认知。

DeepSeek的真正强大之处在于，它可以做到一个普通人完全做不到的事情。它能全天候运行，在几分钟内快速分析几百条经济数据；它能够在自主学习、不断优化交易策略的过程中，更有效地完成买卖交易。原因很简单，AI强大的学习功能早已将老股民的交易习惯摸得一清二楚，以至于对方还没出手，就已经被这股新型技术“算计”了。

DeepSeek的出现，让断线交易成了一场出乎人类意料的“降维打击”。AI不仅比人快，分析更准、行动更狠，还不会受到人类情感的干扰，它不贪婪，也没有恐惧，自然就能在心理和行动上规避了人类出现的错误和问题。

更讽刺的是，DeepSeek的强大甚至让一些老牌游资机构都倍感压力重重，这些机构曾经都是短线交易的主力军，可如今，AI的算法正一次次刷新着他们的认知，他们不得不调整策略，试图以另一种AI模式对抗AI，以此稳定自身地位，试图缔造出一种全新的交易规则。

如今，DeepSeek已然成为股市中不可忽视的存在，它改变了散户的命运，也让整个资本市场重新洗牌，它强大的计算和交易速度，让短线交易变得越来越困难，而散户的亏损率也跟着大幅度攀升。而那些曾经靠短线策略赚钱的游资机构，也不得不转变逻辑视角，重新考虑自己下一步的生存策略。

在AI交易时代创造属于自己的AI交易策略，不仅能有效地提高交易效率，还不失为一条提高收益，稳固收益的有效途径。它不但能助力客户更好地应对当前市场的复杂环境，还可以通过可靠的平台交易，更到位地明确交易基础，有效地设计交易策略，一边测试和优化设计，一边及时对市场变化进行监控和战略调整。这样就给企业的市场运作提供了更为有力的支撑和参考。毫无疑问，谁在这股浪潮中抢占先机，谁就必然在不远的将来赢得更大收益！

19 防骗保命符：AI一眼识破金融诈骗

智能风控载着系统运作的推演策马而来，你不能说它是完美的，但其相对于人类自身的学习速度，一定是惊人的。

人工智能在金融风险的预测中，不仅能够提升投资人对整个市场行情的判断力，还能在预测进程中，更精准地掌握细节，作出自己最理性、最高效、最正确、最稳健的预测和决定。

那么，人工智能是怎样做到这一切的呢？

首先，人工智能在金融风险监测和实时预警方面占据着绝对意义上的优势。人工智能技术，可以通过大量数据实时检测和分析，快速地在其中识别出潜在的风险信号，及时提示预警，有效帮助投资者及金融机构更好地规避风险，应对危机。

其次，人工智能可以利用其先进的数据分析能力，帮助金融系统快速有效地提高自身的反欺诈能力。人工智能基于自身数据，对反欺诈内容进行大量历史数据的学习和分析，旨在对其可能出现的欺诈行为进行评估和预测，最终量化风险，对其中可能发生的问题，完成提前预警。

AI 可以在反欺诈风控的实际操作中，通过机器学习算法对客户的交易行为及个人信用进行全方位的分析和监测，从而及时阻断潜在的金融欺诈，提升整个金融系统的安全性和稳定性。

【案例】

作为证券行业的领军品牌，东方证券一直在以积极的态度，对AI智能风控技术进行探索，从最初的舆情智能分析，到构建全面的风险预警平台，再到打造智慧风控生态，在金融领域中走出了一条独具风格的AI赋能之路。

当下金融市场即将面临深化改革，证券行业必将面临风险概率提高的复杂形势。传统的人工舆情监测已经落伍，无法承担海量信息分析处理的挑战。为了解决这个问题，东方证券智能化创新应用研发团队，自2022年开始，便将AI技术探索提上日程，对海量舆情数据进行智能化整合、识别、分析与研判。

东方证券团队基于自然语言处理的算法，对非结构化新闻舆情进行了更为紧密的识别和分析，完成了关于实体识别，情感极性分析和时间标签识别等多项数据整合和内部业务数据链接；通过对智能机器的学习化、效率化的设计运作，构建出了与企业项目产品领域融合统一的舆情分析模型。经历重重考验，历经持续优化，如今的东方大脑人工智能应用平台，已经具备了应对大量舆情信息，数据的处理能力。

在智能舆情分析的基础上，东方证券进一步拓展了自身的AI技术和风险管理领域的应用广度、宽度和深度。构建了一个具备综合性风险预警和强大监控功能的系统平台，整合了舆情、财务、行情、图谱、司法等多维度的风险数据，达成了应对各类风险事件的识别、研判、分析和预警的多项能力。

随着技术的不断进步，应用场景设计的不断延展，智能风控管理系统必将在AI智能的推动作用下，呈现出更加广阔、更富有空间、更有效率的发展前景。而就智能风控而言，未来的管理系统也必将完成跨领域、跨行业，多维渠道、多元化运作的金融应用模式，既要完善企业内部数据安全和隐私方面的保护，又要加强AI智能化、自动化、人性化、精准化的用户体验。

智能风控管理系统，作为科技AI赋能的时代产物，正以其超强的学习力和效率力有形无形地作用金融市场，逐步改变着企业对自身风险管理模式的认知。通过大数据、人工智能、云计算等一系列先进技术的应用推演，智能风控管理系统必将迈开矫健的步伐，加快融合创新的发展进程，为各领域企业提供更加精准、更为高效、全面评估、综合管理的最佳解决方案，帮助企业在复杂多变的市场环境中，看得更清、走得更稳、行得更远、决策更实。

20 收益翻番秘诀：AI组合投资，鸡蛋不放在一个篮子

股神巴菲特可能没有想到，如今 AI 智能化的分析工具，相比于早前的自己而言竟来得如此便捷、如此高效、如此精确，又如此低廉！

在当今这个复杂多变的金融市场，投资组合优化整理，成为很多投资者追求收益稳健、规避风险的关键手段。随着人工智能 AI 技术的迅猛发展，其在金融投资组合领域的应用，正发生着翻天覆地的变化与革新。

AI 人工智能，无疑为金融投资组合优化带来了更精确、更具分析依据的数字化发展空间。就传统的投资构建而言，它所遵循依赖的，往往都是数据极为有限的简单统计模型。这种老化的模型运作程序，很难捕捉市场复杂动态，对行业非线性关系运作把握度偏低。而这些问题在 AI 人工智能技术的推演下，已经得到了大幅度的优化和解决。

AI 智能的强大机器学习算法，能够快速处理海量的金融数据，不论是市场价格、公司财务数据、宏观经济指标，还是可进一步优化的隐藏模式和潜在趋势，AI 都可以利用自身超凡的智能优势，以最高效、最富效率的综合策略，为广大企业、投资人提供定制化、个性化的优质服务。

【案例】

华夏基金作为国内较早成立的基金公司，在主动量化领域一直不惜投入。早在 2017 年，华夏就以前瞻性眼光携手微软，针对人工智能量化投资问题开展了深度合作，企业力求采用“AI+”的指数增强战略体系，结合投资组合管理体系相关问题，进行进一步的深挖和探索。

这时可能有人要问，究竟什么是量化投资呢？关于这个词语的思想，可谓意义深远，源远流长。博物学家达尔文认为：“只有先服从大自然，才能最终战胜大自然。”而这一概念，与量化投资优势可谓天作之和。

所谓量化投资，就是在复杂多变的市场中寻找规律，帮助投资者进一步在稳健投资的同时，实现心驰神往的超额收益。

那么，华夏智胜价值成长又是如何用“AI+ 策略”提升投资收益的呢？其体系建设中最着重的发展方向主要有两点，第一，通过因数量化多因子策略提升组合的 alpha 能力。第二，预先引入风险变量，有的放矢地控制好自身的回撤风险。

在提升 alpha 能力上，华夏智胜更注重价值成长，通过引入量化多因子策略，可以以更多元化的视角，更精准地评估个股的 alpha 收益，既丰富了 alpha 来源，又能进一步为下一步的投资策略提供参考。

简单来说，这就是让基金经理，基于其对市场的了解和把握，选择出一些可能会带来优秀收益的 alpha 因子。随后针对不同因子的赋权，进行更精密、更精准的综合评分。这样才能在此前提基础上，筛选出一些表现更好的公司搭建组合，进而有条不紊地落实自己下一步的投资计划。

传统的投资人，由于个人时间有限、精力有限等各种原因，能做到 24 小时深入跟踪股票市场的人寥寥无几，但 AI 智能作用下的量化投资，却可以做到不依靠某一只股票或某几只股票取胜，而是以投资组合的形式概率取胜，以更稳健的步伐向超额收益迈进。

人工智能在现代金融投资上的助力呈现，早已通过数据分析、风险管理，个性化投资，高频交易，量化投资等多种投资方式初见端倪。不但提高了投资组合精确性，还为广大投资者带来了更简便，收益率更高的可观回报。

随着 AI 技术的不断发展，新时代的投资者必将在这一强大工具的助力支撑下，赢得更多的收益机会。它会以全新的方式作用我们的投资决策，助力我们在投资组合方面的精确分析，这种快速而便捷的金融服务，必将成为未来金融业务领域的主流趋势，一次次助推市场演变，也一次次为我们带来全新的创意和惊喜。

21 合规不踩雷：AI自动检查每一笔交易

当数字不再仅仅是个概念，自动化合规系统可开创的空间可谓潜力巨大。所谓未来已来，这样的自动化合规检查系统必将作为金融业务监管的主流趋势，潜移默化地作用于我们每一个人的人生。

常言说得好，无规矩不成方圆，而世界如此之大，单一一个金融行业，在业务跟进的进程中，所经历的挑战就已经无比复杂。如何切实有效地建立监管系统，如何在这个全新的数字时代建立设备完善的合规检查，如何将人类需求与 AI 数据运作紧密结合，如何将自动化、精准化、效率化的金融监管落到实处，就成了新时代摆在金融监管业务者面前最重要的课题。

所谓 AI 智能监管系统，简单来说，就是利用 AI 技术，进行自动化收集、分析、数据监管处理等一系列细节优化后，以最精准、最迅速、最有效的措施，及时发现藏匿在金融业务中的安全隐患和随时可能发生的违规行为。它既要参与监管，又担负着预防和纠正问题的使命。这个智能系统好似冲在监管一线的救火先锋，能够 24 小时不间断地监控各类对象，确保操作安全，保障一切在规范、合法、平稳的状态下经营和运行。

伴随着全球金融行业的不断发展，AI 化合规管理在金融机构中所发挥的作用越来越受到相关企业和投资人的关注和重视。系统的进阶升级不但大幅提高了合规管理的效率进程，还为金融服务的安全化、透明化提供了更便捷、更高效的系统保障。

【案例】

为了满足自身企业金融领域的合规管理需要，德讯推出了 AI 合规系统的优化和升级。该系统不仅提高了合规管理自动化的操作效率，还为后续的金融服务，提供了更安全、更便捷、更透明、更合规的行业保障。

德讯证顾的 AI 合规系统，可以说覆盖了整个证券顾问业务的五大关键环节，不论是业务处理，还是客户投诉处理，其所给客户带来的高效、便捷服务，都在其流程管理上呈现出非凡的智能化效应。系统在质检管理方面，不但能自动审核客户递交的信息，还能通过多维度数据分析，对每一项业务环节进行严格把关和全面监控。

这种全流程化的质检功能系统，在确保业务合规性的同时，还通过数字化留痕，进一步落实了操作的透明化和可视化，不但有效提升了合规管理速度，还大幅降低了金融服务中的合规风险。

德讯证顾利用 AI 合规系统，敏锐地对大数据进行学习分析，最终构建了一个精准度更高、安全性更强、体系管理效率更高的风险管理系统模型。它不但能够实时监测客户的风险状况，还能根据市场动态调整，帮助客户及时梳理自身的投资策略。这种数据驱动的合规管理模式，不但提高了合规管理的精准性，还在操作过程中为用户提供了简单、快捷、安全、便利的服务体验。

此外，德讯证顾的 AI 合规系统不仅实现了合规管理的智能化、自动化，还通过与人工审核兼顾协作的模式，确保了合规管理进程的高效性和准确性。AI 系统不仅能够自动处理复杂的合规项目，减轻人工审核的工作负担，还能在人机协同的安全模式作用下，极大地提高企业整体的合规管理效率。

随着技术的革新，大数据产业和 AI 智能的不断进步，类似德讯证顾这样的 AI 合规系统，必将在未来展现出无限的发展空间和绘制前景，AI 不仅能够通过智能化手段提高合规管理的整体效率，还能在切实保护客户投资利益的同时，为其提供更为个性化、便捷化的服务解决方案。

由此可见，未来金融行业的合规管理，将变得更加智能化、自动化、便捷化、安全化，而类似德讯证顾这样的 AI 合规系统，也必将引领合规管理发展的主流趋势，为行业系统智能化的转型源源不断地深入探索，贡献力量。

22 证券行业大洗牌：大模型赋能创新，淘汰过时玩法

AI 在证券行业中的应用，推动了整个业态的重大转型，它将在降低成本的同时，以智能化、自动化运作，为投资人带来更多的便利。就其潜质而言，其能在行业领域中实现的愿景，必将在人类需求的升级下不断翻转，而其翻转下所节约的成本、带来的价值，也绝对是空前而巨大的。

面对全球新一轮的 AI 智能科技革命，在产业变革的时代浪潮之下，AI 技术正在以燎原般惊人的速度融入各行各业，呈现出蓬勃发展的强大势能趋势。

ChatGPT 的问世，不但在行业体系间呈现新商机，同时也在各领域 AI 自然语言处理，知识问答等各个场景中发挥出了强大的提升潜力，DeepSeek 的强大崛起，如今已极大地提升了世界各个行业领域国产化、智能化模型的信心。而就 AI 技术而言，当这项超强的技能工具，从现实迈入市场，形成规模化产业应用中的灵魂，其所发挥的功用和应用边界也在随之拓展，朝无限量化的方式逐渐渗透。

【案例】

中国银河证券自2018年开始，就为构建大规模的大数据平台，实现海量数据高效存储与处理打下了坚实的根基。通过整合内部数据资源，中国银河证券建立了覆盖整个交易、客户、市场等多元化数据的强大体系。

秉持强大智能能力建设的注重，依托机器学习平台及智能中台，中国银河证券有针对性地建设了一系列机器学习模型、深度学习模型，并将其与证券业务场景紧密地加以结合，在融合了专业的NLP、OCR和AIGC能力后，全面面向用户提供投资银行、机构运营、风险管理等多领域的智能化优质服务。

在智能客服领域，中国银河证券面向全渠道终端客户的大模型客服系统，一经上线便取得了骄人的业绩和成果。

在智能交易领域，中国银河证券基于自身大模型的智能技术，已在FICC债券业务及场外衍生品领域升级方面，落实了自身咨询报价及机器人运作方面的智能服务，通过持续上下文对话彻底实现了交割谈判，精准匹配最优报价，自动生成订单，完成对冲操作等一系列的智能自动操作模式。

在智能投行领域，中国银河证券已构建了覆盖投行文档中的“写、读、查、审”全生命周期的智能处理体系，文档审核效率直接提高了96%，文档撰写效率也比之前提高了97%，显著提高了投资业务处理效率的合规水平，为投行业务的智能化转型，提供了强大的技术支持。

在智能投研领域，中国银河证券计划通过DeepSeek-R1模型与通义千问模型间的强大配合力，构建了基于投研知识库的生成式问答系统。该系统不但可以让研究员、销售人员迅速地获取系统发送的关键信息，还能显著提高研究效率的同时，进一步优化企业与客户互动模式和服务质量，为下一步的投资决策提供更加精确的信息和数据。

如今的中国银河证券，正在紧跟行业脉动趋势，不断优化金融科技与业务优化方面的深度融合，秉持AI技术的强大学习功能和应用延展，必将在不断完善自身模型的同时，更进一步地推进自身服务智能化、运营精益化与风控精准化的深度业务运作发展。

人工智能作为一种跨时代颠覆性的先进技术，正在不断地推动中国证券行业的智能化、高效化、个性化、精准化的潮流转型。它必将推进交易智能化、风险管理、个性化投资方面的多元化升级，不断优化金融创新和监管升级方面的应用迭代，而这一切在为证券市场带来发展的同时，也孕育着无限的机遇和挑战。

随着人工智能技术的不断发展，随之而来的法律监管和伦理规范也将不断完善深化，它将进一步确保人工智能在证券行业中的应用和管理，在保障投资人利益的同时，进一步维护市场秩序，为市场的繁荣带来更多的利益和价值。

第四章
卖货：AI让顾客“买了还想买”

23 自动化采购：根据销售数据自动生成采购订单

面对被 AI“全面围剿”的传统采购，采购人需要积极寻求破局之道，与其“敌对”AI，不如“驾驭”AI，做 AI 大潮下的弄潮儿！

从传统采购到 AI 自动化采购并非一朝一夕的事，采购这个庞大无比的市场，先后经历了在线化、数字化、智能化等技术驱动带来的商业模式重构。

一个企业必不可少的是采购，大到企业设备、原料的采购，小到办公用品的采购。随着商业环境的日益复杂，传统采购模式大多会耗费大量的人力，从筛选海量的供应商信息，到比对复杂的产品规格，再到及时捕捉市场价格的频繁波动等，需要的是一个采购团队。但是，如果选择 AI 自动化采购，就可以将一个采购团队直接转化为一个能够操作 AI 智能化自动化采购软件的采购岗位，直接降低了成本。

AI 自动化采购的优势，主要体现在：通过 AI 算法的分析和预测能力，为企业实现采购需求的精准预测，避免库存积压货缺货的风险；通过对供应商资质、价格、交货期等多因素的比对，智能选择更适合企业的供应商；通过 AI 算法可以自动收集并分析供应商价格信息，避免人为干预导致价格不透明，以及腐败问题；通过 AI 自动化流程可以实现采购数据的实时共享和协同作业，提高供应链的整体效率。

由此可见，通过 AI 自动化采购不仅能节省采购成本，还能提高效率。

【案例】某社区超市的AI采购系统转型之路

学员何晟来自成都，在成都某社区经营着一家超市。但是，随着业务的发展，他所经营的超市在生鲜管理上面临着严峻的挑战：生鲜损耗率高达8%。这不仅影响了超市的利润，也增加了整体的运营成本。

在我跟他进一步沟通之后，了解到，他所经营的超市还是采用传统生鲜采购方式，靠的是人工预测销量，导致订货量与实际需求之间存在较大误差。所以，我给他的建议是采用AI采购系统。

找一家专业的AI技术公司，开发出一套适用于超市的AI采购系统。

这套系统包括销售预测模块、订货优化模块、库存管理模块、数据分析与报告模块。通过AI系统，输入历史销售额等数据，根据销量预测结果，系统能够自动计算出最佳的订货量，确保库存水平既能满足销售需求，又不会造成过度积压。

并且，系统定期生成采购报告，分析采购成本、生鲜损耗率、库存周转率等关键指标。通过数据分析，超市能够不断优化采购策略，提高运营效率。

在引入AI采购系统后，何晟的超市在生鲜管理方面发生了显著变化。

生鲜损耗率从原来的8%降至3%，这一降幅直接提高了超市的利润水平。

通过销量预测算法，超市的订货误差被控制在±5%以内，避免了过度的浪费。

AI系统还帮助超市优化了库存管理策略，提高了库存周转率，降低了资金占用成本。

通过这一成功案例，不难看出，AI自动化采购不仅是大型企业的专用，也适用于中小微企业。所以，我会在课上，鼓励学员们积极探索科技转型之路，以应对日益激烈的市场竞争。

最后，和大家分享5款正在改变我们采购流程的AI软件。

表23–1 改变我们采购流程的AI软件

软件名称	软件作用
Coupa 智能支出管理	可以自动分析采购数据，预测支出趋势，并提供智能采购建议。它的智能助手功能，能够实时提醒采购人员关注关键的采购决策点

续表

软件名称	软件作用
Ariba 供应链网络	通过其强大的供应链网络，利用AI技术优化供应商选择和管理流程。AI驱动的风险评估工具能够帮助我们识别潜在的供应链风险，并及时采取措施
Ivalua 采购解决方案	它的智能算法能够根据历史数据和市场趋势，自动推荐最佳的采购策略
JDA 智能计划与物流	它的智能计划功能可以预测市场变化，自动调整采购计划，减少库存积压
ProcureCon 采购流程优化	利用AI技术优化采购流程，从供应商选择到合同管理，每一步都更加智能和高效。它的AI合同分析工具能够快速识别合同中的风险点和优化机会

上面的 AI 软件不仅提高了我们的工作效率，更重要的是，它们通过数据分析和预测，帮助我们作出更加精准和前瞻性的采购决策。

24 猜你喜欢：AI比闺密还懂你下一件想买啥

熟练操作 AI 商品推荐系统的商家，可以将潜在的精准用户吸引到自家店里。

AI 商品推荐系统对于任何人来说都不陌生，当我们打开电商平台时，看着推荐到首页的商品，总有一种自己的生活被平台监控的错觉。

商家并没有能力远程监控我们的生活，那么，这个神奇的 AI 精准推荐系统是如何做到如此精准的呢？

AI 精准推荐系统在现代企业运营中扮演着至关重要的角色。通过这一系统，企业能够迅速且准确地锁定潜在用户，从而在竞争激烈的市场环境中赢得更多的客户份额。

AI精准推荐系统基于大数据和机器学习技术，能够深入分析用户的行为模式、消费习惯以及兴趣偏好。这种深度的用户洞察使企业能够更清晰地理解目标市场的需求，从而制定更具针对性的营销策略。通过系统对用户数据的实时追踪和分析，企业能够及时调整推荐策略，确保所推送的信息与用户的实际需求高度匹配。

我们都知道，传统的营销方式往往需要投入大量的人力、物力和财力，且效果难以精准衡量。而借助AI推荐系统，企业可以自动化地完成用户筛选、内容推荐和效果评估等一系列流程，大大降低了营销成本，同时提高了转化率。这种高效、精准的营销方式有助于企业在有限的资源下实现最大化的市场回报。

并且，AI精准推荐系统还为企业提供了个性化的服务体验。系统能够根据每个用户的独特需求，推送符合其兴趣的产品或服务信息。这种个性化的推荐方式不仅增强了用户的满意度和忠诚度，还有助于企业在用户心中树立独特的品牌形象。在消费者越来越注重个性化体验的当下，这一点尤为重要。

【案例】某线下文具店引进AI商品推荐系统

我的一位学员李兴，来自三线城市，他从经营一家险些倒闭的线下文具店，用了半年时间，发展成为拥有30多家的连锁文具店。其中离不开AI商品推荐系统的作用。

作为一家传统的线下文具店的老板，李兴一直在积极寻求创新以提升竞争力，与此同时，他在听完我的课程后，果断引入了先进的AI推荐系统。这一智能化举措标志着该店铺正式迈入科技赋能的新零售时代。AI推荐系统通过深度学习技术和大数据分析手段，细致地分析每一位顾客的购买行为，包括但不限于他们偏好的文具类型、购买频率、消费层次以及特定时间段内的需求趋势等。

基于这些详尽且精准的数据洞察，该系统能够智能生成个性化的商品推荐列表，为顾客在店内浏览或在线购物时提供量身定制的选择建议。这些推荐不仅贴合顾客的即时需求，还能有效激发其潜在购买欲望，引导顾客发现可能未曾留意却符合其兴趣的新产品。

随着 AI 推荐系统的应用，该文具店的销售转化率实现了显著提高。顾客在得到精准推荐后，购买意愿增强，决策过程加快，从而直接带动了销量的增长。更为重要的是，这一创新服务模式迅速在顾客群体中积累了良好口碑，成为店铺的一大亮点，吸引了大量对个性化体验有着高要求的新客户。

新客户的涌入不仅拓宽了文具店的客户基础，还进一步促进了销售额的攀升。与此同时，老顾客也因享受到更加贴心、高效的服务而增加了回访率和忠诚度。AI 推荐系统的引入，不仅优化了顾客的购物体验，还极大地增强了店铺的市场竞争力，为文具店在激烈的市场竞争中开辟了一条稳健且高效的发展路径。

所以，在任何领域、任何规模的公司运营过程中，AI 精准推荐系统都将是企业应对市场竞争的有力武器。通过系统提供的数据洞察和营销支持，企业能够更快速地响应市场变化，抢占先机。同时，通过持续优化推荐算法和营销策略，企业能够不断提升自身的市场竞争力，确保在激烈的市场竞争中立于不败之地。因此，企业应该积极拥抱这一先进技术，充分利用其带来的机遇和优势，推动企业的持续发展和创新。

25 自适应定价：动态调价，利润偷偷涨

在商品同质化严重的当下，打价格战不是长久之计，毕竟，做生意不能只赚吆喝不赚钱。AI 自适应定价策略，在对手还没敲定价格时，你的定价已经让产品大卖！

对于企业来说，商品定价策略影响了企业营收和利润，所以，定价时一定是要综合考虑市场需求、竞争环境、成本结构、产品特性等诸多方面的因素，从而制定出合理的价格区间和动态调整的策略。

但是，对于很多中小企业来说，还是采用传统的商品定价模式，主要是依赖于人工的经验和规则，但是很难适应复杂多变的市场环境。

尤其是对于零售商来说，快速大规模调整价格的能力已成为一个决定性差异化因素，特别是在价格波动更加频繁的通货膨胀时期。

很多零售商都是怎么定价的呢？搜集同款产品的价格信息，然后制定出比价格最低的竞争对手再低一点，或者是再低几个百分点，以牺牲利润为代价挤进市场。

但是，商战之中，价格战是“伤敌一千，自损八百”的招数。所以，使用这种简单方法的零售商会错过重要机会，因为他们无法根据产品的可得性和需求等因素进行自我调整。他们不仅会错过机会，还会因为赚不到钱，直接关门大吉。

认识到这一点的零售商，正在使用机器学习模型来指导定价决策，也就是我所说的 AI 自适应定价策略。

AI 技术在商品定价中的应用主要体现在数据分析、模型和自动化决策等方面。商家利用 AI 算法，通过对海量数据的分析，AI 能够识别出隐藏的模式和趋势，从而为企业提供有价值的洞察力。这些洞察力可以帮助企业制定更加科学和合理的定价策略，从而实现了实时优化价格。

【案例】某零售商通过 AI 自适应定价策略提升 12% 销售额

学员程总经营着拥有 50 多家门店的连锁超市，主营日常生活用品和食品，日接待顾客过万，年销售额上千万元。主要顾客为连锁超市所在居民区的家庭和个人，这些消费者对价格和质量都非常敏感。

连锁超市是综合超市，商品种类多样，需根据保质期、库存、销售情况调整价格。每家超市都面临消费者需求多样化、个性化，线上线下竞争，需灵活定价策略满足顾客需求，提升销售额和利润。

程总找到我的时候，是处于多家连锁超市因为经营不善难以维持的状况。具体来说，就是商品定价高于小区内大型超市，居民不买；商品定价低于大型超市，超市赚不到钱。

在这种状况下，我建议程总采用 AI 自适定价策略，具体做法如下。

引入基于深度学习的 AI 模型，自动生成和调整商品最优价格。深度学习让 AI 模型通过多层神经网络从数据中学习特征和知识。AI 模型目标是最大化总收益，根据门店、商品、顾客特征和市场需求动态调整价格，考虑库存和保质期。AI 模型核心是深度神经网络，学习定价规律和影响因素，适应市场变化和顾客偏好。

此外，AI 模型优化过程实时、动态、自适应，根据实时数据和反馈调整价格，应对市场波动和顾客变化。例如，门店人流量变化时，AI 模型自动调整价格吸引顾客或清理库存；竞争对手价格变动时，AI 模型跟随或反向调整保持优势；顾客评价变化时，AI 模型调整价格提升满意度或忠诚度。AI 模型还能根据顾客个人特征进行个性化定价，提升购买意愿和满意度。

程总在部分门店实验 AI 模型优化定价策略，与传统定价策略对比。结果显示，AI 模型策略门店销售额提高 12%，利润率提高 8%，顾客满意度提高 10%，忠诚度提高 7%。

由此可见，商家借助 AI 自适定价策略，可以实现商品定价及优化，提高盈利能力。尤其是在现代零售环境中，AI 驱动的定价和优化解决方案不仅可以提高能力和适应性，实现任务自动化，制定更明智的决策，还可以优化库存水平，提高售出率，增加销量，创造和调控需求，助力季中优化，优化商品财务规划，增强可行性和自动化，提高消费者满意度，应对复杂市场环境，减少收入损失和库存积压。

未来，随着 AI 技术的不断发展和应用，企业将能够在定价和管理方面获得更大的优势，推动业务的持续增长。

26 库存管理大师：AI预测销量，不囤货不缺货

每周一天的闭店盘点是传统的库存管理模式，几个人将所有产品一一清点，消耗着巨大的管理成本。当你还在盘点中去判断该选哪一款产品时，隔壁商家的货架上已经摆上了畅销款。

在数字化浪潮的推动下，人工智能技术正以前所未有的速度渗透各行各业，其中AI库存优化管理成了中小微企业和线下店铺转型升级的关键一环。通过智能化的预测、分析与决策，AI库存优化管理不仅极大地提高了库存管理的效率，更为这些企业带来了前所未有的竞争优势。

在现在的经济大环境下，很多中小微企业都面临资金紧张、资源有限的挑战。AI库存优化管理通过深度学习算法，对历史销售数据进行深度挖掘，精准预测未来销售趋势，从而帮助企业实现按需补货，避免库存积压和资金占用。比如，通过AI技术能够自动化处理烦琐的库存管理任务，如库存盘点、过期预警等，释放了企业的人力资源，使其能够专注于核心业务。

此外，面对市场波动和供应链不确定性，AI库存优化管理能够提供风险预警功能，帮助企业提前应对潜在的市场风险。

尤其是对线下店铺来说，AI库存优化管理比传统人工库存管理具有更大的优势。首先，对于线下店铺而言，AI库存优化管理不仅关注库存本身，还能结合顾客行为数据，实现个性化商品推荐。通过智能分析顾客的购买历史、偏好等信息，AI能够为顾客提供更加贴心的购物体验，从而增加顾客黏性。

其次，AI技术还能根据销售数据和顾客行为，智能优化店铺的商品陈列

布局。通过数据分析，AI 能够识别出热销商品和冷门商品，指导店铺进行商品调整，从而提高销售转化率。对产品的分析调整，可以帮助店铺避开冷门商品积压，热门商品缺货的坑。

现在很多线下店铺都有自己的线上电商，对于拥有线上线下多渠道销售的线下店铺而言，AI 库存优化管理能够实现线上线下库存的实时同步，实现了线上线下库存的无缝对接，顾客无论在哪个渠道购买，都能享受到一致的购物体验。

【案例】一家专注于时尚配饰的中小微企业用 AI 引领库存成本革命

敏敏经营着一家专注时尚配饰的小企业，经营模式简单：从配饰厂家进货—再进行贴标—最后售出，销售给配饰零售商。

敏敏的小企业营业额一直不错，她最大的问题出现在库存上。尤其是盘点后，发现冷门商品越积越多，热销商品缺货情况时有发生。经过咨询，她决定利用 AI 库存优化管理，通过预测销售趋势，优化库存水平。

敏敏成功地将 AI 技术融入了日常的库存管理中，从而实现了库存成本的大幅降低。就以配饰中耳环这一款产品来说，之前，库存管理都是其运营中的一大挑战。传统的库存管理方法往往依赖经验判断和过往销售数据的简单分析，难以准确预测未来市场的需求变化，导致库存积压或缺货现象频发。

通过 AI 库存优化管理，对耳环这一款产品进行收集并分析过去几年的销售数据，包括季节性销售波动、促销活动效果、顾客购买偏好等。数据分析之后，得出对未来三个月内某款耳环的销量进行高度准确的预测。

基于 AI 的预测结果，敏敏着手对其采购计划进行精确调整。对于预测销量较高的耳环款式，提前增加了采购量，确保了库存的充足供应，避免了因缺货而导致的销售损失。而对于预测销量较低的款式，则相应减少了采购量，避免了库存积压和资金占用。

通过对库存管理的优化，敏敏的企业在短短几个月内就实现了库存成本的显著降低，降幅高达 30%。

从成本上省下来的钱，就是企业赚到的钱。

AI 库存优化管理为中小微企业和线下店铺带来了显著的竞争优势，不仅降低了库存成本，提高了运营效率，还增强了抗风险能力，提升了顾客体验。随着技术的不断进步和应用场景的拓展，AI 预测将成为越来越多企业优化库存管理、降低成本、提升竞争力的关键工具；随着 AI 技术的不断成熟和普及，越来越多的企业将受益于这一智能化转型的浪潮。

27 广告不白砸：AI精准找到“非你不可”的客户

如何才能做到更好的服务？就是要了解你的客户。将庞大的客户群体细分，再逐一按照不同客户群体进行分类营销。当然，对于人工操作难度很大，所以，你需要 AI 协助。

在数字化时代，营销策略的成功与否往往取决于企业能否精准地把握客户需求和喜好。但是人工分析客户需求和喜好，不仅需要一个团队，而且会有数据偏差。这就像，一个幼儿园老师可以轻松地记住班里 20 名小朋友的需求和喜好，但是，幼儿园的园长是没办法记住整个幼儿园 200 多名小朋友的需求和喜好。

当传统的依赖人工分析和经验判断的方式行不通，或者耗时耗力浪费管理成本时，我们就可以选择使用 AI 进行客户细分和营销。因为 AI 能够为企业提供前所未有的机会来优化客户体验，提高销售转化率。

AI 技术通过大数据分析和机器学习算法，能够自动识别和提取客户数据中的关键信息，如购买历史、浏览行为、社交媒体互动等。然后，基于这些信息，AI 系统能够构建出客户的详细画像，揭示出他们的兴趣、偏好、需求和购买意向。这种精细化的客户画像为企业提供了深入了解客户的窗口，使得企业能够更准确地把握客户的需求和喜好。

客户细分是企业制定营销策略的基础。传统的客户细分方法往往基于人口统计特征或购买行为等有限的信息，难以全面反映客户的真实需求和偏好。而 AI 客户细分技术则能够整合多渠道、多维度的客户数据，包括线上行为数据、社交媒体互动、历史购买记录等，通过深度学习、机器学习等算法，对客户进行更为细致、精准的划分。

在 AI 客户细分的基础上，企业可以制定更加精准和个性化的营销策略。例如，根据客户的购买历史和浏览行为，企业可以推送定制化的产品推荐和促销信息，提高销售转化率。同时，企业还可以根据客户的兴趣和偏好，设计个性化的互动体验，如定制化的邮件、短信和社交媒体内容，增强客户对企业的认同感和忠诚度。

【案例】AI 客户细分与营销助力精品咖啡店销售额飙升

李先生曾很苦恼地表示自己的处境是“骑虎难下”，经营的咖啡店有客流但不多，没有赔钱但也赚不到钱。他经营的咖啡店，地理位置不错，规模虽然不大，但是店内装修风格和咖啡风味比较独特。不过，随着周边竞争的加剧，李先生仅靠传统营销策略已经难以满足日益增长的客户需求。

有关专家推荐他直接引入 AI 客户细分与营销的技术，进行两步走。

第一步，利用 AI 技术整合开店以来，店内顾客的购买记录、会员信息、社交媒体互动等多维度数据。通过深度学习算法，AI 系统成功识别出了几个关键的客户群体，如咖啡爱好者、上班族、休闲人士。

第二步，针对不同的客户群体进行个性化营销，提升客户体验。比如，对于咖啡爱好者，推出限量版咖啡豆与特色饮品，增强他们对品牌的忠诚度；对于上班族，推出优惠套餐，还可以进行在线预约，适应快节奏生活需求。

简简单单的两步，却带来了巨大的效果。李先生都惊讶于只是实施 AI 客户细分与营销策略不到三个月，客户回头率提高了近 30%，其中咖啡爱好者的回头率更是高达 60%；新客户增长率达到了 25%；咖啡店的月销售额增长了近 40%，远超预期目标。

咖啡店的成功案例充分展示了 AI 客户细分与营销技术在小企业中的应用潜力。其实，越是中小微企业越是应该利用 AI 技术去节省管理成本、拓宽营销渠道。

AI 客户细分与营销技术的出现，为企业实现精准营销和个性化服务提供了前所未有的机遇。通过深度挖掘客户数据，运用先进的 AI 算法，企业能够更好地理解客户需求，制定更为精准的营销策略，在激烈的市场竞争中占据有利地位。随着 AI 技术的不断发展和应用场景的拓展，这一策略将成为越来越多企业提升竞争力、实现可持续发展的关键驱动力，引领企业走向更加智能化、个性化的营销新时代。

28 订单零出错：从下单到发货，全程跟踪处理

如何能在客户下单之后准确、快速地进行订单处理和追踪，是商家赢得客户信赖，获取回头客的制胜法宝。当你还人工处理订单，速度慢还出错时，隔壁家已经通过 AI 技术实现高效处理订单，抢走“蛋糕”中最大的那块。

近年来，AI 技术的飞速发展，为订单处理带来了革命性的变革，AI 自动化订单处理与跟踪系统应运而生，极大地提高了订单处理的效率，同时显著减少了人工错误。

传统订单处理流程往往涉及多个手动步骤，包括订单接收、审核、分配、

拣货、打包和发货等，这些步骤不仅耗时费力，还容易因人为因素导致错误。AI 自动化订单处理系统则能够智能识别、分类和处理订单，实现从订单接收到履行的无缝衔接。

比如，当商家接到订单之后，AI 系统能够自动读取和解析来自不同渠道的订单信息，如电商平台、电子邮件、传真等，快速识别订单类型、优先级和客户要求，为后续处理奠定基础。接着，AI 基于先进的算法，能够根据库存情况、订单紧急程度等，自动分配订单，同时生成最优拣货路径，减少行走时间和错误率。

自动化处理订单之后，进入供应链管理中的另一重要环节——订单跟踪。因为订单跟踪直接影响企业在客户心里的形象，事实透明的订单跟踪，能够提升客户满意度。

通过 AI 订单跟踪系统能够实时追踪订单状态，包括拣货进度、打包情况、物流信息和预计送达时间等，为客户提供实时的订单状态更新。

比起人工进行订单处理和跟踪所产生的错误，AI 自动化订单处理与跟踪系统能够显著缩短订单处理时间，提高整体供应链效率。

除此之外，通过提高效率和准确性，AI 自动化订单处理与跟踪系统有助于企业降低运营成本，包括人力成本、错误处理成本和物流成本等。

对于一家企业而言，采用 AI 自动化订单与跟踪处理所有订单业务，实时订单跟踪和智能客户服务能够显著提升客户满意度和忠诚度，增强品牌的市场竞争力。

【案例】引入 AI 自动化订单处理和跟踪之后，3 个月销售额增长 30%

刘老板在义乌经营着一家专注于手工皮具制作的小厂，一直依靠人工处理订单。从去年下半年开始订单量逐渐增多，处理速度跟不上，导致客户等待时间长，并且在订单处理上也是错误率直线上升，客户满意度直线下降。更让他发愁的是，人工处理订单占用大量人力物力时间，影响了企业核心业务的发展。

对于刘老板的情况，有关专家直接建议他采用 AI 自动化订单处理与跟踪系统。从去年年底引入 AI 系统之后，已经有 3 个月的时间了，刘老板表示，AI 自动化订单处理与跟踪系统上线后，订单处理时间从原来的 24 小时缩短至 4 小时内，错误率几乎降至零。同时，甭管哪儿的客户都可以通过企业官网或 App 实时查看订单状态，包括拣货、打包、发货和物流信息等，大大提升了购物体验。客户反馈越来越好，客户的满意度也越来越高。

引入系统后的 3 个月内，刘老板的小工厂销售额增长了 30%，越来越多的订单进入工厂，订单处理与跟踪的出错率大大下降，客户回头率明显上升，为企业的长期发展奠定了坚实基础。

由此可见，AI 自动化订单处理与跟踪系统正成为小企业提高运营效率、增强客户满意度和促进销售额增长的重要工具。通过智能化、自动化的手段，AI 技术不仅解决了小企业具体的订单处理等问题，还为其带来了前所未有的发展机遇。

目前，AI 自动化订单处理与跟踪系统正逐步成为企业供应链管理的标配。通过智能化、自动化的手段，AI 技术不仅提高了订单处理的效率和准确性，还为企业带来了显著的成本节约和客户满意度提升。随着技术的不断发展和应用场景的拓展，AI 将在供应链管理中发挥越来越重要的作用，助力企业实现数字化转型和可持续发展。

29 AI自动化销售报告：一眼看懂营收水平

通过 AI 自动化销售报告系统，将资料自动化整理成一份销售数据报告，就能快速了解业务状况，为企业制订发展计划，提升企业销售额、降低管理成本，推动企业进步。

在快速变化的商业环境中，企业要想保持竞争力，就必须能够快速响应市场变化，精准把握业务状况，并据此制订有效的发展计划。AI 技术的引入，特别是 AI 在销售数据报告生成方面的应用，为企业提供了前所未有的洞察力和决策支持，助力企业快速了解业务状况，提升销售额，降低管理成本，推动企业持续发展。

通过 AI 快速生成销售数据报告，能够实现企业“洞察业务，加速决策”。具体来说，AI 技术通过自动化收集、整理和分析销售数据，能够迅速生成全面、准确的销售数据报告。这些报告不仅涵盖了基本的销售额、订单量、客户转化率等关键指标，还能够深入分析销售渠道、产品类别、客户群体等多个维度的数据，揭示业务增长点和潜在风险。借助 AI 生成的销售数据报告，企业能够迅速洞察业务状况，识别市场趋势，为决策制定提供坚实的数据基础。

另外，企业通过定期或实时查看报告，还能及时了解销售业绩、客户满意度、库存状况等关键信息，从而精准施策，调整销售策略、优化产品组合、改进客户服务，提高决策的效率和准确性，增强企业的市场适应能力和竞争力。

【案例】食品公司通过AI自动化销售报告，成功捕捉健康食品的机遇

蒋总是一家食品公司的老板，想要推出一系列符合市场趋势的食品。但是，他不知道当下市场的趋势有哪些，因此迟迟不知该如何进入。

经过咨询，有关专家建议利用AI技术，通过AI自动化销售报告的生成，去全面分析整个市场需求和市场份额。蒋总采纳了专家的建议，决定利用AI技术来深化对市场趋势的洞察。通过AI自动化销售报告，公司能够实时、准确地收集和分析销售数据，包括消费者的购买行为、偏好变化、产品反馈等关键信息。这些数据经过智能算法的处理和分析，转化为直观易懂的报告，为公司提供了宝贵的市场洞察。

基于AI销售数据报告的深入分析，蒋总发现，随着健康饮食观念的普及，消费者对低糖、高纤维食品的需求日益增长。特别是年轻消费者，他们更加注重食品的健康属性，愿意为符合健康标准的产品支付更高的价格。同时，中老年群体也对健康食品表现出了浓厚的兴趣，他们希望通过合理的饮食来保持身体健康。

洞察到这一市场趋势后，公司迅速行动，利用AI技术提供的数据支持，开发了一系列低糖、高纤维的新产品。这些产品不仅满足了消费者对健康食品的需求，还通过独特的口感和包装设计，吸引了年轻消费者的目光。同时，公司还针对中老年群体，推出了易于消化、营养丰富的健康食品，赢得了他们的广泛好评。

从新产品上市到现在不到半年时间，蒋总公司的新产品迅速占领了市场，销售额实现了显著提升。据统计，与推出新产品前相比，公司的销售额增长了27%。这一成绩的取得，离不开AI自动化销售报告的精准洞察和数据分析。通过AI技术的帮助，公司能够及时了解市场趋势和消费者需求的变化，为产品开发提供了重要依据。

由此可见，通过 AI 自动化销售报告，企业可以根据报告中的趋势分析和预测结果，制定销售目标、市场拓展策略、产品研发规划等，确保企业持续稳健地增长。同时，AI 技术还能够帮助企业识别潜在的增长机会和市场空白，为企业的多元化发展和创新提供有力支持。

第五章

流量“核弹”：AI赋能营销吸引亿级流量

30 用户行为分析：算法根据用户的行为和偏好划分不同群体

你不懂用户行为，就像开车上路没开导航系统。让 AI 成为你的导航，它不但懂你更懂你的客户。

用户行为分析是互联网数据分析日常工作的高频场景之一，分析得是否精准直接关系到用户增长策略的制定和用户体验设计的优化。但是，很多数据分析或运营都在套用 RFM、AARRR 等模型来做，做完效果并不理想，无法达到精准预测和分析，也就无法实现精准的营销和服务。而这个问题由于 AI 的出现，已经得到了极大的改善，AI 能够帮你搞定用户画像。

AI 通过数据收集、特征提取、模型训练与分析、深度学习模型等方式，对用户行为和兴趣进行分析。比如，通过收集用户在网站、App、社交媒体等多个平台上的行为数据，如浏览记录、点击行为、购买记录、搜索关键词、评论内容等这些数据中提取出能代表用户行为的特征，如访问频率、停留时间、页面跳转路径等，以此分析用户的活跃程度和行为习惯。对用户浏览或生成的文本内容，如文章标题、关键词、评论主题等进行提取，以了解用户关注的领域和话题。利用有标记的数据，如已知用户对某些产品或内容的喜好程度，训练分类模型，如决策树、支持向量机等，来预测用户对新内容或产品的兴趣倾向。

【案例】某时尚电商平台的智能用户分群系统

某时尚电商平台用户增长面临瓶颈，营销成本上升但转化率持续走低。平台拥有 200 万月活用户，日均产生 5TB 用户行为数据，包括浏览路径、收藏夹变化、搜索词记录等。该企业利用AI技术进行多模态数据融合整合，如用户购买记录、客单价等数据，以及商品图片点击热区、直播间互动弹幕等非结构化数据进行用户的情感分析和用户常点击的商品视觉特征，生成12个核心用户群，如"高敏感价格猎手""视觉导向冲动型买家"，通过分析给出用户画像如下：

群体：社交敏感型潮流追随者；

特征：打开推送率82%，点击含KOL内容概率3倍于均值；

行为：每日查看潮流榜单≥5次，购买决策周期<2天；

偏好：联名款点击率高出普通商品170%，凌晨时段活跃度峰值。

通过利用AI对用户群体进行精准定位"高潜力设计爱好者"群体，限量款预售转化率从12%提升至41%。针对"跨品类探险者"实施跨品类推荐，客单价提升65%；动态调整用户分群策略后，年度客户留存率提升27%，节约营销成本约500万元。

该案例显示，通过将深度学习与业务场景深度融合，企业不仅能识别现有用户特征，更能预测未来行为趋势，实现从被动响应到主动塑造用户需求的转变。这种技术部署使该平台在6个月内实现从行业第五到细分市场领导者的跃升，验证了数据驱动用户定位的战略价值。

许多企业和平台已经成功利用AI预测用户行为，取得了显著的成果。电商平台通过分析用户的浏览记录和购买历史，提供个性化的商品推荐；视频流媒体平台通过监测用户的观看行为，推荐感兴趣的视频内容；金融机构通过分析用户的交易记录，预测信用风险等。

如果说之前依靠大数据能够知道用户"做了什么"，随着"大数据+AI"时代的到来，还能够预测用户"将会做什么"。

通过AI的机器学习算法，平台可以分析出用户的兴趣点、消费偏好以及未来可能的行为。例如，一个用户经常搜索民宿相关的信息，AI可以推测这个人可能准备去旅游并且希望居住的地方是民宿，如此可以有针对性地推荐周边民宿、旅游淡旺季打折情况等服务。而且，这种分析并非静态的，它会随着用户行为的变化实时调整。例如，用户前一秒还在浏览电子产品，下一秒却开始关注健康相关的文章，AI 会根据新的行为重新调整推送策略。这种“动态画像”的概念，极大地提高了用户画像的精准度。

31 AI用户细分：通过用户画像进行精准营销

用户细分就是依据其特点用不同方法满足需求，能以最少资源获得高回报，就像 20% 用户带来 80% 收益。用户细分具有个性化，AI 依据用户行为和互动数据不断调整策略，让营销做到精准爆破。

用户细分是一种将客户按其属性进行分类的方法，旨在帮助企业识别最具吸引力的细分市场，从而有效地利用资源，制定科学的竞争策略，提升竞争优势。

《2025 消费趋势及增长策略洞察报告》的数据显示，在消费降级的背景下，消费者的钱包没有变大，但消费行为变得更复杂了。70% 以上的消费者并不会停留在原来的消费习惯和兴趣，而是会为新的兴趣和习惯进行消费。这无疑给企业带来了新的挑战，不能用不变的思维去对待不断改变的消费者。实际消费的场景和需求是越来越细分的。每个客户都是独一无二的，有不同的需求、偏好和行为。这就是客户细分发挥作用的地方。

传统的用户细分依赖年龄、性别、收入和地点等人口统计因素。虽然这些人口统计变量仍然有价值，但这些因素属于表面特征，真正做到细分再细分，需要超越表面特征才能真正了解客户的行为和动机。随着大数据和人工智能的进化与迭代，传统用户细分有其局限性，无法充分利用可用数据的潜力，这正是AI发挥作用的地方。AI算法可以处理大量数据并识别人类分析师可能错过的模式、相关性和趋势。通过分析大量数据，人工智能可以识别复杂的模式和行为，使企业能够作出数据驱动的决策，并进一步个性化他们的营销工作。

【案例】不同行业的用户细分

某电商平台通过分析用户的购买历史、浏览行为等数据，将用户划分为“高价值用户”“潜在用户”“流失用户”三个业绩群体，进行集中的资源投放。针对高价值用户，提供专属的优惠券和个性化推荐，主打拓单和复购；针对潜在用户，通过精准广告投放，引导其完成首次购买，增加新用户试用；针对流失用户，通过短信、AI电话、私域1V1跟进等方式进行召回，减少用户流失。

某银行通过分析用户的信用记录、消费行为等数据，将用户划分为“低风险用户”“中风险用户”“高风险用户”等群体。针对低风险用户，银行可以提供更高额度的信用卡和更低的贷款利率；针对高风险用户，银行可以加强风险监控，提前采取预防措施，降低坏账率。

某时尚运动品牌通过AI细分找到了更精准的用户，IP定位：专注于推荐高品质运动耳机的销售专家；

目标人群：热爱运动的音乐爱好者，注意个人风格和产品质量的消费者；

人群画像：主要是年轻人和中年人，经常参与户外运动，追求时尚与功能性的达人；

人群痛点：需要防水防汗、稳固佩戴音质出色的耳机，同时关注性价比；

解决方案：提供最新款式的运动耳机，强调其防水防汗、舒适度及高性价比特点。

某私域运营团队通过分析用户的点赞、回复、分享等行为数据，将用户划分为“养生爱好者”“美食爱好者”“运动爱好者”等群体。针对不同兴趣群体独立建群，推送相关的内容和运营活动，有效地提高了用户的参与度。

AI 已经成为企业进行用户细分的赋能者，AI 工具和算法将改变企业理解和定位受众的方式。电商平台通过用户画像进行精准营销，能够在海量商品中快速找到符合用户偏好的产品。比如，一个热爱运动的年轻人，平台会优先推送运动鞋、健身器材等商品。而不常运动的人，可能会看到更多的家居用品和时尚服饰。这种个性化推荐，极大地提高了用户的购物体验和购买转化率。

随着企业营销格局的发展，AI 驱动的用户细分对于制定营销策略至关重要。通过利用 AI 助力，企业可以获得更多的竞争优势，更好地了解客户，并提供有高度针对性的个性化体验。

32 AI动态内容个性化：实时定制展示给用户的内容

内容是连接消费者和企业的桥梁，在碎片化时代，只有精准的内容才能抓取人们的注意力。AI 为内容创新，助力企业在同质化中脱颖而出。

企业要有利润就离不开营销，但营销的打法与手法可谓八仙过海各显神通，在多变的武器中，“内容”可以称为“不变的铸器之术”。无论是私域流量、直播带货、公众号营销，还是为产品写一段广告文案，都离不开内容。那什么是真正能够打动消费者的内容？内容需要“精准”，要贯穿产品、品牌、传播，且能产生销售转化、口碑传播的精准流量。

AI 通过算法和多方面的内容抓取然后重新组合，能够实现动态内容个性化，有针对性地输出与客户需求所匹配的内容。之所以 AI 能让内容精准匹配目标用户，主要优势如下。

（1）精准的用户画像。AI 可通过分析用户的行为数据，如浏览记录、购买行为、搜索关键词等，精准勾勒出用户画像，涵盖年龄、性别、兴趣爱好、消费习惯等多维度特征，从而为内容匹配提供精准依据。

（2）强大的内容理解。AI 能借助自然语言处理技术，深入理解内容的主题、情感倾向、关键信息等。例如，能判断一篇文章是关于科技产品的评测，还是关于时尚潮流的介绍，以及其传达的是积极、消极，还是中立的情感，进而将合适的内容推送给感兴趣的用户。

（3）高效的算法匹配。基于用户画像和内容理解，AI 利用复杂的算法计算用户与内容之间的匹配度。常见的算法有协同过滤算法、基于内容的推荐算法等，这些算法能快速找出与用户兴趣最契合的内容，并精准推送。

（4）持续的学习优化。AI 系统会不断学习和分析用户对已推送内容的反馈，如点击、阅读时长、点赞、评论等，据此调整和优化推荐策略，使后续的内容推荐更加精准，不断提升内容与目标用户的匹配度。

【案例】AI 文案生成器帮企业打造营销内容

完美日记每日更新 30 多条原创内容，覆盖五大平台。如果用人工进行创意内容成本非常高，但采用 AI 解决方案进行每天生成 500 条备选文案，经品牌审核后存入内容库；并利用 AI 制作 100 套妆容教程视觉素材；每周用 AI 分析竞品内容趋势，动态调整选题。最终实现的成果是 3 个月涨粉 200 万，爆款率从 7% 提高至 23%。

耐克挑战 72 小时内产出本土化传播素材。通过利用 ChatGPT 生成 30 个春节主题创意提案，测试发现“新年穿新鞋”概念情感共鸣度最高；利用 AI 创作生肖元素设计图；并且生成刘翔数字人祝福视频。最终实现了话题阅读量 24 小时破亿人次，限量款秒罄。

元气森林用 Stable Diffusion 生成 100 种包装设计方案，通过 Amazon Mechanical Turk 进行 AI 标注众包测试，最终选定“夏日气泡”视觉方案，制作 AR 互动滤镜引发 UGC 传播。最终在数据表现上业绩喜人，上市首周销量突破 50 万箱，用户生成内容达 2.4 万条。

以上这些企业案例说明通过 AI 进行内容个性化定制和输出，已成为不少企业的选择。AI 能够通过分析目标人群，通过各种方式获得消费者对内容的反应进行内容的动态调整。

AI 在内容营销领域产生的价值有目共睹，目前 AI 已逐步应用于广告素材的筛选、创作、加工等环节，成效显著。而且，人工智能可以深入理解用户需求、精准分析不同性别消费者的喜好，以及拥有大量处理数据的能力，给营销提供了更多的可能。

无论是麦当劳 AI“M 记宝物”展出由麦门铁粉利用 AI 技术创作的“M 新鲜出土的宝物”让品牌化身“千年文物”，还是肯德基《初次体验与 AI 对话》宣传新品 K 萨系列，邀请品牌代言人朱一龙共同拍摄广告片。无论是天猫和 3CE 春日 AI 花神妆推出“春日 AI 花神妆”对应品牌 5 种热门唇釉，为用户提供 AIGC 试妆体验，还是可口可乐“未来 3000 年”AI 共创产品研发，结合 AI 推荐添加味道，在包装设计上，借助 AI 图像设计打造未来感，这些都是依赖 AI 对内容的输出，所以，未来无限、内容无限、企业希望通过实时定制展示给用户想要的内容已经成为可能。

33 AI用户流失预警：标记出将要流失的用户，实施挽留策略

在有限的时间跟踪好顾客，守护用户就是守护自己的钱袋子。好的用户流失预警，能够提前识别及时挽留。

AI 在用户流失预警方面表现出了超出普通人的智慧。首先，AI 系统整合

多渠道数据，如用户的浏览记录、购买行为、登录频率等，全面了解用户行为。其次，运用机器学习算法，如逻辑回归、决策树等，构建用户流失预测模型，基于数据计算用户流失概率。最后，通过实时监测用户行为数据，一旦发现用户流失概率超过设定阈值，立即发出预警。

除发出预警之外，AI还可以为用户的挽留提供策略。基于AI对流失用户的行为分析，为用户定制专属消息，如针对长时间未登录用户，发送“您已许久未登录，专属福利等您来领”的短信。借助AI分析用户历史消费偏好，为用户提供个性化优惠，比如为常购电子产品的用户，推送该品类的折扣券。

AI分析流失用户反馈，找出产品或服务的不足，助力企业改进，如大量用户抱怨App卡顿，企业便可以针对用户提出的问题对App进行性能优化。

【案例】某在线教育平台的用户流失预警挽留

某在线教育平台用户量达500万人，但发现近6个月付费用户流失率上升15%，尤其是年消费大于1000元的高价值用户流失明显。传统人工分析难以实时识别潜在流失用户，挽留策略效率低下。该平台利用AI技术进行数据收集进行用户流失分析和预警。

第一步：数据源的收集与清洗。比如，用户行为数据：登录频率、课程完成率、视频观看时长、问答互动次数、退款记录。用户属性数据：年龄、地域、设备类型、付费历史、优惠券使用情况。外部数据：App版本更新记录、节假日/促销活动时间节点。

第二步：数据预处理。处理缺失值；构建时序特征；异常值过滤。

第三步：特征工程与模型构建。动态特征：最近一次登录距今时长、课程参与度周环比下降50%以上。静态特征：用户生命周期阶段；复合特征：通过聚类发现“高消费但低互动”用户群流失风险极高。

第四步：分级预警。高风险用户（流失概率＞90%）：实时触发企业微信通知运营团队；中风险用户（60%~90%）：每日生成名单推送至 CRM 系统；可视化看板展示分地域、分用户群的流失趋势热力图。

第五步：挽留策略与 AI 联动。个性化干预：对“价格敏感型流失用户”自动发放 200 元限时续费券；对“内容不满型用户”推送定制化课程推荐；AI 外呼机器人：针对高风险用户，自动拨打语音电话，话术根据用户画像动态调整。

第六步：效果验证与迭代。分为 AB 两组进行测试。对照组：无干预，自然流失率 22%；实验组：AI 挽留策略下流失率降至 9%；因果推断：使用双重差分模型验证优惠券策略带来 150 万元增量收入。

第七步：成果与收益。用户流失率同比下降 40%，高价值用户留存率提升 28%；挽留成本降低 65%（精准投放减少无效补贴）；形成用户流失特征库，模型每月自动迭代；建立流失预警 API，接入公司级数据中台供其他业务调用。

该案例通过 AI 实现从“事后补救”到“事前预防”的转变，核心在于精准分析识别脆弱用户，自动化建立预警—策略—反馈闭环减少人工依赖。通过分析显示“课程完课率”对模型预测权重占比达 34%，推动产品团队优化内容结构。此模式不仅用于在线学习平台，还可扩展至金融、SaaS 等订阅制行业，需根据业务特性调整特征维度与干预触点。

AI 通过分析客户行为数据、交易历史和交互记录，能识别出可能导致客户流失的模式和趋势，从而提前预警。企业可以针对这些预警信息，及时采取措施，减少客户流失。客户流失不仅带来直接的收入损失，还增加了获取新客户的成本。哈佛商业评论报道，获取新客户的成本是保留现有客户的 5 倍到 25 倍。通过 AI 用户流失预警与挽留，企业可以有效降低这一成本。

AI 用户流失预警与挽留对企业的帮助是多方面的，包括提高客户保留率、优化客户体验、驱动业务增长以及提升品牌形象等。因此，企业应该积极采用 AI 技术来进行用户流失预警与挽留，以提高自身的竞争力和市场份额。

34 AI营销活动优化：确定哪些活动策略产生高回报

做好活动优化，就能提升店铺业绩，结合自身特点和市场需求，灵活调整策略，以达到最佳的促销效果。

AI在营销活动的各个环节都发挥着关键作用，助力营销活动实现全方位优化。

首先，AI拥有强大的数据处理和分析能力，能够快速、准确地挖掘消费者的行为数据、偏好数据以及市场动态数据。通过机器学习算法，AI可以对海量数据进行深度学习，从而精准地洞察消费者的潜在需求和行为模式。

其次，AI可以根据每个消费者的独特特征和行为历史，为其量身定制个性化的营销内容和推荐方案。在电商领域，AI推荐系统可以根据消费者的浏览历史和购买记录，向他们推荐符合其口味和需求的商品。通过AI技术，营销人员可以将传统的“一对多”营销模式转变为“一对一”的个性化营销模式，让每一次营销触达都能精准命中消费者的需求。

此外，在营销活动执行过程中，AI还可以实现实时监测与动态优化。AI可以实时监控营销活动的各项指标，如点击率、转化率、参与度等，并根据实时数据及时调整营销策略。通过实时监测与动态优化，营销活动能够始终保持在最佳状态，实现营销效果的最大化。

【案例】电商平台营销活动优化方案

某电商平台每月开展数十场促销活动（如节日促销、会员日），但传统人工策划效率低，活动 ROI 波动大。用户对于营销活动的响应分化严重，同一优惠券对新客转化率高达 20%，但对老客仅 3%。平台缺乏动态调整能力，无法根据实时数据优化活动策略。采用 AI 技术方案进行设计如下。

AI 通过分析数据，如用户行为数据页面点击热图、加购 / 收藏行为、历史订单价格敏感度（如对折扣≥ 30% 才下单）。过往促销活动 CTR（点击通过率）、优惠券核销率、GMV 贡献占比。社交媒体趋势、天气数据。得出用户分群为“价格敏感型学生党”“品牌忠诚型高净值用户”，构建用户价值矩阵如最近购买时间、消费频次，进行生命周期价值的预测，并预测用户对特定营销活动的参与概率达 0.91……最后，生成了营销活动优化策略，通过算法生成最优活动组合，模拟不同人群的 GMV 和利润，自动生成个性化文案，NLP 模型根据用户画像输出适配文案。通过营销云平台自动分群触达：高风险流失用户推送“专属回流礼包”，高价值用户触发 VIP 客服人工跟进。

最终实现营销活动 ROI 从平均 1.6 提升至 2.4，爆款活动 ROI 突破 3.8（服装品类）。优惠券核销率从 12% 提升至 27%，新客首单成本降低 40%。通过预测用户长期价值，减少对低 LTV 用户的过度补贴，年度营销成本下降 18%。

该案例通过 AI 实现营销活动的精准化、动态化、自动化、全局化进行优化，用户分群粒度从“年龄段”细化。从“固定活动排期”变为实时调优。活动设计—执行—监控全链路 AI 驱动，人力投入减少 70%。兼顾短期 GMV 与长期用户价值（避免为冲销量过度透支用户购买力）。

以往，营销创意的产生主要依赖创意团队的灵感和经验，而现在 AI 技术可以为创意生成提供新的思路和方法。通过自然语言处理和图像识别技术，AI 可以分析大量的成功营销案例和市场趋势，生成富有创意的营销文案和广告设计方案。AI 还可以与创意团队协同工作，帮助他们更快地验证创意的可行性，提高创意生成的效率和质量。

AI 助力营销活动优化，通过精准洞察消费者需求、实现个性化营销、实时监测与动态优化以及创新营销创意生成等方式，为营销活动带来了更高的效率、更好的效果和更强的竞争力。在未来的营销领域，AI 将扮演越来越重要的角色，只有充分利用AI技术，才能在激烈的市场竞争中立于不败之地。

35 AI个性化用户体验：多渠道收集和分析数据，识别出模式和趋势

人们买的不是产品而是体验。想要真正迎合消费者，品牌必须在产品之上，提供他们所追求的各种体验。这会让用户与品牌之间产生更深层的联系，从而真正为你的品牌“买账”。

现在消费者生活在信息爆炸的时代，物欲满足的同时也渴望新鲜感和体验，而且这种体验需要非常个性化的满足。企业为消费者提供个性化体验是赢得客户忠诚度最有效的方法。

当用户变得更加多样化，产品功能也更加复杂时，个性化体验就成了帮助用户留存的关键手段。这是因为用户越多样，产品越复杂，想要留住用户就需要根据他们的具体需求来提供相应的体验。如果仍然采用千人一面的方式去留住用户，难度将会大大增加。因此，对于复杂的、用户众多的产品来说，个性化体验是提升留存的重要方面。

AI技术正在深刻改变用户与产品、服务的互动方式，通过数据驱动和智能化手段，为用户提供高度个性化的体验。AI个性化正在从“千人千面”向“一人千面”演进，未来每个用户都将拥有持续进化的数字孪生体。但技术落地需坚守两大原则：以用户授权为前提，用伦理框架约束创新边界。企业竞争焦点将从算法精度转向“如何让用户感受到被理解而非被监控”。

【案例】个性化的推荐案例

亚马逊利用 AI 算法分析用户的浏览和购买记录，向用户推荐相关产品。根据研究，约 35% 的亚马逊销售额来自个性化推荐。

Netflix 利用 AI 技术分析用户的观看历史和行为，预测他们对新剧集的兴趣，从而在制作新剧集时作出更明智的决策。这种个性化的内容推荐大大提高了用户的观看体验和平台的整体吸引力。

Coca-Cola 利用 AI 监测社交媒体上的讨论，分析消费者对其新产品的反应。这种实时反馈使 Coca-Cola 能够迅速作出调整，确保产品能够满足消费者的需求。

一家电商公司使用 AI 分析用户的浏览和购买记录，确定最有可能对其产品感兴趣的用户群体，并在这些用户群体中精准投放广告。这种方法不仅提高了广告的点击率和购买转化率，还大大降低了广告成本。

旅游公司利用 AI 通过分析用户的偏好和行为数据，为用户提供个性化的旅行建议和定制旅行计划。系统可以分析用户的历史旅行记录、搜索记录、喜好等数据，推荐符合其需求的目的地、景点、餐厅、活动等。

通过以上案例可以看出，AI 技术在市场营销中的应用已经非常广泛且深入。无论是个性化推荐系统、聊天机器人、数据分析与预测，还是社交媒体监测和广告投放优化，AI 都在帮助企业实现更高效、更精准的市场营销，从而提升用户体验和增强品牌忠诚度。

AI 技术在助力个性化用户体验方面发挥着重要作用。无论是通过用户画像的精细化分析、智能化的客户服务，还是精细化的营销和推广，抑或是个性化旅行服务中的广泛应用，AI 都在不断提升用户体验，满足用户的个性化需求。

36 AI用户终身价值预测：估算出单个用户的潜在终身价值

生意的竞争就一个，谁能挖掘用户的终身价值，谁就能胜出并走得长远。

用户终身价值是指一个用户在其与企业的完整关系周期内，通过持续消费、交叉购买、口碑推荐等行为为企业带来的净收益总和。其核心在于量化用户长期贡献，并平衡获客与留存成本，以指导企业优化资源配置，从“单次交易”转向“持续关系”的经营思维，例如，订阅制企业通过提高复购率将用户年均价值 100 元延伸至 10 年千元级价值，而电商平台则通过推荐算法激发用户从“偶然买家”成长为“高黏性超级用户”。

顾客的价值由三部分构成，分别是历史价值、当前价值和潜在价值。历史价值是顾客已经实现了的价值，当前价值是如果不发生改变客户会在将来给公司带来价值，潜在价值是如果公司通过有效的交叉销售可以调动顾客购买积极性，或促使顾客向别人推荐产品和服务等，从而可能增加的顾客价值。所以，用户终身价值是指用户在其整个生命周期内为企业带来的总价值。它不仅包括用户的直接购买价值，还涵盖了用户在社交媒体上的影响力、推荐价值以及重复购买的可能性。

AI 在用户终身价值预测中发挥着重要作用，能够帮助企业实现精细化客户管理、个性化营销和服务体验以及优化资源配置等目标。未来，随着 AI 技术的不断发展，其在用户终身价值预测中的应用前景将更加广阔。

【案例】AI 为健身器材销售公司预测的用户价值

对于健身器材销售公司，预测用户终身价值（CLV）需要结合行业特性和客户行为数据。以下是一个基于行业洞察和通用模型的预测框架：

（1）CLV 基础计算公式

CLV = 客户价值 × 平均客户寿命

其中：客户价值 = 平均购买价值 × 平均购买频率

平均客户寿命：客户持续购买的时间周期（如年）

（2）行业数据估算

平均购买价值：参考行业报告，家用健身器材客单价集中在 1000~5000 元（如跑步机、哑铃组合等），商用设备（如力量训练器）单价可能更高（5000~20000 元）。假设公司以家用为主，取中间值 2500 元 / 次。

平均购买频率：健身器材属于耐用品，更换周期较长，但客户可能因升级需求（如从基础哑铃到智能器械）或新增品类（如瑜伽垫、跳绳）而重复购买。

参考行业趋势，假设客户每 2 年进行一次主要设备升级，叠加年均 1 次小件购买，综合频率约 1.5 次 / 年。

平均客户寿命：客户可能因搬家、兴趣变化或品牌转换流失。结合行业数据，保守估计客户生命周期为 5 年。

（3）CLV 预测

CLV = 2500 元 / 次 × 1.5 次 / 年 × 5 年 = 18750 元，即单个客户终身价值约为 1.88 万元。

（4）优化 CLV 的策略

提升平均购买价值：推出套餐组合（如“家庭健身房套装”）、高端智能设备（如带 AI 私教的跑步机）。可参考小米、华为通过智能家居生态捆绑销售，提升客单价。

增加购买频率：

开发易耗配件（如运动服饰、健身食品），推动周期性复购。建立会员体系，提供设备维护、课程订阅等增值服务。

延长客户寿命：增强品牌黏性，通过社群运营（如健身打卡群）、用户体验活动提升忠诚度。降低迁移成本，提供专属售后服务、以旧换新政策。

潜在价值挖掘：横向扩展，向客户推荐关联品类（如运动营养品、按摩器材）。口碑传播：通过推荐奖励机制（如老带新折扣）吸引新客户。

（5）注意事项

建议公司收集自身客户购买记录，优化估算参数（如高频客户占比、复购周期）。CLV需定期更新，结合市场趋势（如线上健身热潮）和政策变化（如全民健身政策）。

通过以上模型和策略，公司可更精准地识别高价值客户，优化资源分配，实现长期盈利增长。

案例发现，企业可以通过部署AI算法来分析客户数据，识别购买模式、偏好和行为趋势，从而更准确地预测客户的未来价值。AI技术在用户终身价值预测中的应用为企业提供了强大的工具和支持，帮助企业更好地理解和管理客户关系，实现可持续的业务增长。

第六章

获客：“IP创建→内容裂变→精准转化”链路

37 AI+文案：得到全新解决方案，更具吸引力和感染力

面对激烈的市场竞争，我们需要不断分析各类数据，追逐潜在客户、挖掘用户需求。但重度依赖数据分析，是被动的，缺乏主动性。有了人工智能的帮助，就能生成有感染力的文案，制作出富有创意的图片到视频，甚至还能将文字翻译成多国语言，在竞争中脱颖而出。

在快节奏的办公环境中，文案撰写占据了我们大量的时间和精力。不管是市场推广文案、邮件回复，还是项目报告，高质量的文案输出，都是高效沟通与业务推进的关键。但现实中的很多人却常常为灵感枯竭、写作速度慢而烦恼？使用 AI 工具，我们就能得到更多的全新解决方案。

（1）销售文案。销售文案的目的是促进产品或服务的销售，使用详细且有针对性的提示词，能引导 AI 生成更符合销售需求的文案。

（2）宣传文案。宣传文案注重品牌形象塑造和信息传播。明确的场景和特色描述，AI 就能创作出更具吸引力和感染力的宣传文案。

（3）策划方案。策划方案需要全面且有条理地规划活动或项目的各个环节。清晰界定活动关键要素，AI 就能生成贴合实际需求、可执行性强的策划方案。

合理运用 AI 工具，掌握精准提示词技巧，并进行有效的人工优化，就能提高文案创作的效率，产出更优质、更符合企业需求的文案。

【案例】智能内容创作，吸睛引流小能手

对于美业从业者来说，想要吸引客户的关注，优质的内容是必不可少的。但创作内容可不是一件容易的事，不仅需要花费大量的时间和精力，还需要

具备一定的创意和写作能力。某美容院借助AI辅助内容创作工具，轻松搞定文案、图片和视频，快速生成各种吸引人的内容。

比如，该美容院要为一款新推出的美甲产品撰写宣传文案，他们便将产品的特点、优势等信息输入AI文案生成工具中，在短短几秒钟内就生成了多篇风格各异的文案，然后他们根据自己的需求和目标客户的喜好进行选择和修改。

在图片和视频创作方面，AI同样表现出色。AI绘画工具根据他们输入的关键词，生成了各种精美的美甲图案图片，这些图片不仅色彩鲜艳、细节丰富，还具有独特的创意，成功吸引了客户的眼球。

AI视频制作工具帮助该美容院快速制作了宣传美甲产品的短视频，添加各种特效、音乐和字幕，让视频更加生动有趣。通过这些由AI生成的吸睛内容，该美容院在各大社交媒体平台上获得更多的曝光，吸引潜在客户的关注，为它带来更多的流量。

品牌的核心在于客户，不论AI技术手段如何变化，形式如何多样，始终都只是一种工具。尤其是线下业务，其核心诉求在于如何更好地用AI技术来吸引流量。

为了写出有利于企业宣传推广的文案，建议大家使用一些DeepSeek营销文案生成器。因为它懂得文案创作的套路和技巧，只要输入一些基本信息，如产品特点、目标受众、核心卖点等，就能自动生成符合需求的文案。

第一步，选择"深度思考＋联网搜索"模式，写出想要的爆款内容。"深度思考"可以让AI更好地理解问题并进行推理，"联网搜索"AI可以获取当前最新的热点信息，两者结合可以生成更好的爆款内容。

第二步，写提示词，这一步非常关键。很多人之所以写不出好的爆款文案或内容，关键就是提示词指令写得不完整，AI无法正确理解他的意图。比如："请帮我写一个'健身房'广告的爆款标题。""帮我写个'教育培训'广告的标题，要有原创性，并建议带有'培训'两个字。"

注意：

如果 AI 一次生成的答案不满意，还能对生成后的内容继续追问，直到生成满意的内容文案为止。

以上提示词在实际使用时，可以按照自己的需求替换部分描述词。

38 AI+短视频：为用户带来个性化、多样化的观看体验

深度融入短视频创作和运营流程，创作就不会再依赖直觉，数据分析也不再依赖人工，所有这一切都能由 AI 自动完成。

2025 年，社交媒体持续作为普通人逆袭的最大风口，AI 技术的成熟和短视频平台的全球化布局，为个人发展创造了前所未有的机遇。

时代的浪潮滚滚向前，AI 赋能百业的号角全面吹响，尤其是短视频直播领域，正呈现出蓬勃发展的态势。这一切都在向我们宣告：普通人实现逆袭的时刻，真的到来了。

（1）AI 生成短视频脚本。对于许多创作者来说，短视频的脚本构思是最难的部分。利用人工智能，就能快速生成创意剧本，甚至还能优化语言表达，使脚本更具吸引力。

（2）AI 自动剪辑。有了脚本之后，下一步就是视频剪辑。传统剪辑需要花费大量的时间，现在利用 AI 剪辑工具，就可以智能识别画面、自动匹配节奏、生成高质量短视频，即使新手，也能轻松上手。

（3）AI 自动配音。配音是短视频的关键部分。好的声音可以提升内容感染力，但并不是每个人都有专业的播音能力，借助 AI 配音工具，就能轻松拥

有专业级的旁白。

当短视频遇上 AI，犹如一场奇妙的邂逅，碰撞出了绚丽的火花，为短视频行业带来了前所未有的发展机遇和深刻变革。

【案例】个性化推荐视频

某电商平台通过用户的购物行为和浏览记录，采用 AI 分析来定制个性化短视频。系统会自动从数千个 SKU 中挑选出与用户偏好相匹配的商品，并生成时长 30 秒的个性化推荐视频。视频内容与用户兴趣高度匹配，提高点击率。AI 的运用，使视频可以批量生成，节省了大量的人力资源。

AI 技术在短视频的内容创作、编辑制作、个性化推荐等方面的广泛应用，不仅提高了短视频的制作效率和质量，也为用户带来了更加个性化、多样化的观看体验。

短视频直播门槛低，既不需要雄厚资本，也不要求高深专业知识，只要你有独特视角、有趣灵魂，敢于展示自己，就能开启属于自己的舞台。在 AI 的帮助下，视频剪辑、特效制作等都会变得轻松简单；而且，短视频直播传播速度快、范围广，只要内容优质，一夜爆火并非难事。

无论是视频的剪辑、特效处理，还是背景音乐的匹配，AI 都可以帮助创作者自动完成烦琐的步骤，大大缩短内容的生产周期。这将极大方便内容创作者，因为他们可以以更低的成本、更快的速度推出高质量的视频内容。

39 AI+直播：识别观众的情绪状态，与观众实时互动

2025 年，直播已成为拓展业务、提升品牌知名度的关键营销方式，而 AI 技术的融入，更为直播事业带来了前所未有的机遇与变革！

随着科技的持续进步，尤其是人工智能技术的广泛应用，直播行业正经历着一场深刻的变革。

AI 技术可以通过自然语言处理和机器学习算法，根据预设的主题或关键词自动生成直播脚本、弹幕回复甚至短视频内容。例如，在电商直播中，AI 可以根据产品特点生成详细的介绍脚本，帮助主播更高效地进行带货；基于大数据分析，AI 能够精准描绘用户画像，根据用户的观看历史、偏好和购买行为等数据，提供定制化的内容推荐。这种个性化体验不仅能提升用户黏性，还能促进转化率的提高。

（1）AI 聊天机器人。AI 驱动的聊天机器人可以与观众实时互动，回答常见问题、分享链接，并给用户提供个性化的回复，不仅可以提高观众的参与感，还能有效减轻主播的负担，让主播更专注于核心内容的呈现。

（2）实时互动与情感计算。通过自然语言处理和情感计算技术，AI 能够识别观众的情绪状态，并提供更具共鸣的内容。例如，当观众情绪高涨时，AI 可以给他们推荐有趣的投票或小游戏，进一步提升互动性。

（3）多模态交互。AI 直播，除了语音和文字互动，还可以通过视觉、触觉等多种方式与用户交互。例如，观众可以通过手势控制虚拟主播的动作，或通过 VR 设备进入虚拟直播间，享受沉浸式体验。

（4）自动化管理。AI 技术可以实现直播过程中的自动化管理，例如，自动识别直播中的人物和场景，并根据识别结果调整画面切换和布局。

（5）实时数据分析。利用 AI 实时分析观众数据，如参与率、观看模式和受众人口统计数据，可以为直播内容提供数据支持；可以根据观众反馈和行为，动态调整直播内容，确保直播的吸引力。

（6）虚拟主播与数字化身。AI 技术可以创建高度仿真的虚拟主播，接管部分直播任务，甚至与观众进行实时互动，不仅可以降低人力成本，还能让直播更具吸引力。

未来，AI 直播将更加注重智能化互动和自动化管理。通过语音识别、自然语言处理和计算机视觉等技术，AI 将实现更自然的观众与主播互动。同时，AI 还将通过图像识别和自动化工具，进一步优化直播管理。

【案例 1】深度学习技术，提高带货转化率

在杭州一家直播基地，虚拟主播"小艾"同时运营着 10 个直播间。通过深度学习技术，"小艾"能够精准模仿真人主播的语调、表情和动作，带货转化率已达到真人主播的 80%。更让人感到吃惊的是，"小艾"可以同时处理数百个观众的提问，跟"千人千面"互动。

【案例 2】精准预测购买意向，增加单场直播销售额

某直播平台的 AI 推荐系统，能够根据观众的历史行为、实时互动和消费能力，精准预测其购买意向。数据显示，采用 AI 算法推荐的直播间，观众停留时长提升了 40%，转化率提高 35%。在"双十一"期间，该品牌通过 AI 算法优化直播时段和内容，单场直播销售额突破 500 万元。

从街头巷尾人们的日常消遣，到商业领域的营销新宠，直播凭借其独特的传播魅力和庞大的用户基础，已然深深融入大众生活，成为日常娱乐消费的不二之选，更是推动数字经济蓬勃发展的核心"助推器"。

这场由 AI 驱动的效率革命，正在重新定义直播的竞争规则。数据显示，采用AI技术的直播团队，其运营成本可以降低30%，转化率能提高50%，观众留存率提高40%。未来，直播电商的竞争将不再是简单的流量争夺，而是AI技术应用能力的较量。在AI赋能的时代，直播行业正在迎来新的黄金十年。

40 AI+矩阵：矩阵账号持续曝光，强化品牌认知

AI矩阵相当于将各种各样不同场景下的人工智能技术做了整合，不仅可以利用不同的技术和商业模式为不同的用户提供个性化的服务，还能带来一定的商业价值。多种技术的整合，就能形成一个更加强大的智能系统。

“人工智能+时代”，矩阵营销将成为我们的得力助手。通过创建多个账号进行产品推广，影响力就会像滚雪球一样越来越大。即使是毫无基础的小白，只要花费几天时间，也能学会相关技能。

在流量成本攀升的当下，企业要想突围，就必须拥抱工具化、智能化的运营模式。AI矩阵系统，通过批量生产、精准分发、高效管理，可以为企业提供低成本、高回报的增长路径。

（1）低成本规模化。不用专业团队，只要一个人，就能完成剪辑、发布、运营管理等全流程，综合成本大幅降低。

（2）流量精准放大。通过AI生产与批量分发，可以提高曝光效率，快速产出爆款，实现流量滚雪球效应。

（3）长效经营能力。矩阵账号持续曝光，可以强化品牌认知，推动搜索流量与自然成交。

矩阵本身其实是一种营销策略，核心是通过数量抵消算法的不确定性，

借助其他 AI 工具的接口，生成文案内容，或采集爆款内容进行 AI 原创，然后一键发布，登录视频号、小红书、抖音、快手等平台。只要多账号内容矩阵能源源不断地获取精准流量，就能持续获取流量。

【案例】每周产出几千个视频，满足日常曝光带货需求

千味央厨食品股份有限公司（简称"千味央厨"），主要经营速食、预制食品，覆盖餐饮与家庭消费场景。

2021 年企业加速布局线上渠道，在抖音、快手等开设多个旗舰店，但初期运营效果没有达到预期：内容生产效率低下、多平台管理混乱、视频流量一般、成本压力较大……为了解决这些问题，"千味央厨"引入了 AI 矩阵，每周都能产出几千个视频，满足了日常曝光带货需求，新品上线时也得到高效推广。

传统模式下，多账号需团队协作，但千味央厨仅需 1 名运营即可完成：

（1）数据集中监控。查看播放量、点赞、评论等数据，快速优化运营策略。

（2）客咨高效响应。通过系统集中管理私信与评论，避免客户流失。

"千味央厨"将要发布的账号视频批量挂载商品链接，填入链接后，系统会自动识别出商品信息，省去了人工一条条发布视频和挂小黄车的烦琐。同时，结合平台推荐算法，持续强化了账号标签，提升了搜索排名，如"速食""预制菜"等关键词。目前，"千味央厨"用 AI 短视频矩阵，带动抖音旗舰店 3 款主推商品的总销量达 156.5 万单。

在流量成本攀升的当下，企业要想顺利突围，就要拥抱工具化、智能化的运营模式。AI 矩阵系统，通过批量生产、精准分发、高效管理，可以为企业提供低成本、高回报的增长路径。无论是初创品牌还是成熟企业，布局 AI 矩阵，都已经是线上获客的标配。

AI 矩阵运转的正确打开路径。

（1）矩阵定位。围绕统一、明确的目标，建立并规划矩阵下的各子账号。

（2）内容策略。基于矩阵账号目标，量身创作企业的高转化优质内容素材，实现信息的有效传递。

（3）内容管理。分析并减少内容在批量化生产、发布、运营等操作层面的人力成本损耗。

（4）经营分析。持续进行矩阵账号发布内容、转化结果、生意效率的分层漏斗式分析，寻找成功因子，复用并裂变矩阵优质内容。

41 AI+IP：快速生成高质量内容，满足不同平台的需求

随着 AI 技术的高速发展，从内容创作到用户运营，从流量吸引到商业变现，AI 为我们提供了全新的工具和思路。AI 时代的个人 IP，不再是明星和 KOL 的专属，也不局限于少数拥有强大资源的人，打造个人 IP 已不再是一个选项，而是成了每个人都需要认真思考的问题。

2025 年，在自媒体、博主圈开始出现一个新名词——“AIP”。啥叫“AIP”？其实就是“AI”和“IP”两个的缩写，简言之，就是利用 AI 或通过 AI 来辅助的个人 IP 自媒体人。

当 AI 和 IP 相遇，为创业者带来了更多的新机遇。

（1）内容创作效率倍增。AI 写作、AI 绘画、AI 短视频等工具的普及，极大地提高了内容创作效率，可以快速生成高质量文案、图片、视频等内容，满足不同平台的需求。

（2）个人 IP 打造更便捷。借用 AI，就能进行精准用户画像分析、内容风格定位、粉丝互动等，打造更具吸引力和影响力的个人 IP。

（3）全网矩阵布局更轻松。AI 可以自动化完成多平台内容分发、数据分析、粉丝运营等工作，帮助创业者高效运营多个账号，实现全网矩阵布局。

即使是再小的个体，也有自己的品牌。普通人要想进入某个赛道，做自媒体打造个人 IP，是性价比最高（或许也是唯一可行）的路径。

【案例】打出"IP+AI"创业理念，半年狂赚 30 万元

"西洋石团队"成立于 2014 年 4 月，致力于用 AI 生成视频，主要为 G 端、B 端和 C 端客户提供服务。

团队的三个人都不是大佬，资源也很少，都是没什么背景的小白。

西堂，主业是大厂员工，研究生毕业后，凭借几年工作经验，在晚上或周末利用自己的社会人脉兼职拉商务，思考团队战略并调整方向。

羊羊，研究生毕业于 211 大学，刚毕业就走上了 AI 创业赛道，没有任何工作经验，全职创业。

小石是"00 后"，主业是程序员，兼职为创业提供深度技术支持，后来他向主业公司提出了离职，计划全职创业。

三个人从最初的什么都不懂，只知道钻研技术，到现在通过一路摸爬滚打出了"IP+AI"的创业理念，半年就赚了 30 万元。

IP 就是打造个人在 AI 行业里的辨识度，把自己经历的 AI 创作经验，汇集成付费课程，向 C 端青年提供服务，答疑解惑，为更多的人提供帮助。

只要有自己的品牌，有自己的洞见，有自己的专业和价值观，积极在抖音等平台展示个人魅力，就能成为某一领域的 KOL 或精神领袖。一个好的 IP 不仅能造富，还会传递爱，吸引有趣的灵魂，帮助他人。

（1）明确自己的核心优势。首先，问自己一个问题："我擅长什么？"如果是写作，就使用 AI 写作工具，快速创作优质内容，并将其转化为电子书、课程。如果是设计，就利用 AI 绘图工具，优化你的创意，吸引更多客户。如果你是经验丰富的职场人，就能借用 AI 整理过往案例，输出职业咨询内容。

（2）抓住 AI 副业的"小机会"。副业入局，不需要从一开始就追求高回

报，关键是积累经验和资源，找到适合自己的路子，比如：①内容创作者。用 AI 生成创意海报、短视频，吸引粉丝注意。②知识输出者。将你的专业知识转化为简单易懂的教程或电子书，通过平台变现。③解决方案服务商。利用 AI，为客户提供高效服务，如做方案、做设计，甚至做数据分析。记住，越早入局，你的优势越明显。

第七章

客服：AI让顾客“找机器人聊上瘾”

42 24小时在线：AI客服全年无休，还不用交社保

不是人工客服请不起，而是智能机器人客服更有性价比。

随着 AI 的发展，AI 驱动的聊天机器人已经成为许多企业客户服务的重要组成部分，甚至成了客服界的“劳动模范”。

机器人客服能够多平台兼容，统一管理，它们不像人工客服需要休息，它可以全天无休，确保你的客户随时得到响应。最重要的是成本降低，不需要支付工资、福利，也不需要担心员工流动，一次性投资，长期受益。因此，如果企业想要在这个竞争激烈的市场环境中生存，真的要重视智能客服这个“劳动模范”的选择和参与。

【案例】京东智能客服“京小智”

京东作为非常知名又强大的电商平台，采用的京小智基于 BERT 模型，具备深度语义理解能力，能够处理用户多样化的咨询问题。例如，在购物节等高流量时段，系统可自动响应 90% 的客户咨询，大幅减少人工客服压力。

京东通过京小智将客户响应时间缩短，客户满意度提升 30%，同时每年节省数百万美元的客服成本。京小智系统通过持续学习优化知识库，客户投诉率下降 20%，并实现复杂问题与人工客服的无缝转接，保障服务连贯性。京小智支持售前咨询、售后支持全流程，与京东电商平台高度融合，提升用户购物体验。

京小智的成功推动了 AI 客服在电商领域的广泛应用，成为企业智能化转

型的标杆。其经验显示，AI 与人工客服的协同（如处理复杂问题或情感化需求）是提升服务效能的关键。

该案例充分体现了 AI 技术在客户服务中的降本增效潜力，同时强调技术与业务场景深度融合的重要性。

引入人工智能客服后，企业大幅减少了人工客服的数量，人力成本降低了。同时，由于客服系统的自动化处理能力，减少了人工操作带来的时间成本和错误成本。人工智能客服能够在瞬间响应客户的咨询，客户等待时间的减少，有效提升了客户满意度。此外，客服系统还可以同时处理多个客户的咨询，大大提高了服务效率。人工智能客服系统具备强大的知识管理功能，能够自动整理和更新知识库。客服人员可以通过系统快速查询到所需的知识，提高问题处理的准确性和效率。同时，系统还能够根据客户的反馈和业务变化，自动优化知识库内容，确保知识的时效性和准确性。

所以，聊天机器人是 AI 在客户服务和市场营销中的另一重要应用。它们能够全天候提供服务，回答客户的问题，处理订单，甚至进行销售。聊天机器人通过自然语言处理技术，能够理解用户的意图并提供相应的反馈。这样的机器人客户可以运用在不同的企业，比如 H&M 的聊天机器人可以帮助用户找到合适的服装，并提供搭配建议。用户只需通过简单的对话，就能获得个性化的购物体验。这不仅提高了客户满意度，还减轻了人工客服的压力。

随着人工智能技术的不断发展和应用，人工智能客服将在更多领域发挥重要作用。企业需要继续加大在人工智能客服领域的投入和创新，不断优化客服系统的功能和性能，为客户提供更加智能化、个性化的服务体验。同时，企业也希望通过自身的实践经验，为同行业企业提供借鉴和参考，共同推动人工智能客服在企业服务领域的广泛应用。

43 回答像真人：AI能唠嗑、能开玩笑，还能安慰人

找一个可以聊天的机器人，如同找到一个能够智能对话的贴心伙伴。

如果前面我们说机器人客服仅仅为企业带来降本增效的作用，那么就太低估人工智能了，它们并不仅仅是机械式地回答一些常见的、带着机器味道的交流内容，缩短客户的等待时间。随着人工智能的发展和成熟，AI 能够不断更新知识库，会生成更拟人化的交流内容。

通过利用 AI 生成式应答，用户可以通过语音助手或在线聊天机器人与 AI 系统进行交流，告诉系统自己的需求和计划。AI 系统自动帮助用户搜索航班、酒店、租车等信息，并帮助完成预订。此外，AI 系统还提供实时的天气信息、交通情况、景点开放时间等，帮助用户做出更好的决策。AI 可以帮助用户解决旅途中的问题和提供应急帮助。例如，用户可以通过 AI 系统随时获取当地紧急电话、医疗服务、翻译服务等信息。AI 还可以通过语音识别技术帮助用户与当地人交流，降低语言障碍，提高安全性。

AI 生成式对话是人工智能通过分析用户提出的问题，来生成合适的回答，就像与一个智能机器人进行自然流畅的聊天。生成式对话是指从相关文本中提取某些信息，再用这些信息生成自然的句子作为回话反馈给用户，其回复不一定是对话相关的文本中的原文。生成式对话可以产生词汇多样、语义完整、语句流畅的回话，与自然语言更相似，具有更好的人机交互能力。简言之，它能够理解你的意图，给出合适的答复，让沟通更方便、更“人性化”。

【案例】关于订单延迟的人工智能生成式应答

当用户没有找到自己所购货物时，向平台在线客服提出询问，用户提问：“我上周订购的商品显示已发货，但物流信息一直没更新，能帮我查一下订单状态吗？订单号是 #537210203。”

AI 生成式应答：

“您好！感谢提供订单号 #537210203。我已为您查询到以下信息：您的订单已于 3 天前由仓库发出，承运商为 ×× 快递。当前显示包裹在转运中心遇到分拣延迟，可能是近期天气影响导致运输调整。我已联系物流公司加急处理，预计 24 小时内会更新物流信息。如果您在 48 小时后仍未收到包裹，我们将为您优先安排补发或退款。为表歉意，系统已自动为您账户发放一张 10 元无门槛优惠券，可在下次购物时使用。

“需要我进一步跟进或提供其他帮助吗？(^_^)”

该生成式应答案例中，人工智能客服已经不再说重复的“废话”，而是根据客户询问的内容，给出了合适的答复。首先，机器人客服开始进行信息整合，解析订单号，自动关联数据库中的物流信息，并识别异常原因。其次，结合天气影响给出物流延迟的解释，增强了回答的可信度。同时，提供了多个任务处理的智慧，提供了实时物流状态，主动提出给予补偿优惠券的方式解决问题，安抚客户可能存在的不好体验，且能够预判后续提出补发和退款。最后，使用友好语气和表情符号，模拟真人客服的沟通风格，更体现了人性化的表达。

在营销与宣传领域，生成式 AI 应答助力企业快速产出文案。从社交媒体推文、广告标语到产品描述，AI 能依据给定主题和要求，短时间生成多个创意内容。企业借助 AI 生成小红书种草文案，不仅节省人力和时间，还能通过数据分析优化内容，增强传播效果。

另外，生成式 AI 应答可对海量数据进行分析整合，为企业决策提供参考。面对市场竞争对手动态等复杂信息，AI 能快速梳理关键要点，生成简洁明了的报告，帮助管理层制定战略。例如，金融企业利用 AI 分析市场数据，预测投资风险，辅助投资决策。

44 听懂潜台词：用户说“太贵了”，AI秒推优惠券

有了机器人回答信息咨询，咨询顾问感觉离失业不远了。

AI 技术在金融、医疗、制造、零售等领域的应用越来越广泛，企业对 AI 解决方案的需求持续飙升。信息咨询业是通过利用各种信息处理技术，对各类信息开展搜集、加工、整理、分析、传递。传统信息咨询依赖人工调研、专家经验和结构化数据库，而 AI 的引入正在从底层逻辑到服务模式上重塑这一领域。

首先从效率与规模上看，传统人工调研需要数天的工作，而 AI 却可以秒计算。人工信息咨询是一对一的模式，而 AI 同时能服务百万级用户，突破了人类咨询师的时间与精力的限制。比如，法律咨询平台解答小额纠纷的信息咨询，人工咨询可能只为某一个人服务，而人工智能却能同时服务无数用户。

其次在个性化和精准化方面，AI 信息咨询通过用户历史行为、语义分析等，生成定制化的建议，基于数据分析主动预警风险。比如，企业有现金流或供应链中断风险，AI 会及时预判并提前进行风险提示。

最后是交互模式的升级和知识边界的拓宽。AI 可通过文本、语音、图像、视频等多种模式来处理复杂问题，比如上传合同扫描件，AI 会自动标记法律漏洞，连续追问医疗诊断的细节等。同时，知识边界的拓宽，结合气候数据与农业政策，为农户提供种植建议。通过 AI，信息咨询正从“被动回答问题”转向“主动赋能决策”，但其核心仍需要人类在关键环节把控质量与价

值观。

【案例】AI提供法律咨询

某个体餐饮店主，向AI提出一个咨询问题：“主厨（员工）未提前通知突然离职，导致餐厅运营困难，能否追究其法律责任？”当时用户是这样问的：“我与员工小李签了劳动合同，约定离职需提前30天书面通知。但他昨天突然说不干了，今天直接没来上班。现在餐厅人手不足，我能扣他工资或起诉他赔偿损失吗？”

AI就法律分析、操作建议与工具支持等多个环节给予了应答。

（1）对于离职员工的责任认定。根据《中华人民共和国劳动合同法》第三十七条：劳动者提前30日以书面形式通知用人单位，可以解除劳动合同。在试用期内需提前3日通知。若小李已过试用期且未履行提前30天通知义务，其行为已构成违法解除劳动合同。

（2）用人单位的权利。①经济损失索赔（需举证实际损失），要提供临时雇用替代人员的费用凭证、营业额下降数据等；赔偿上限不超过小李当月工资的20%。②拒绝出具离职证明（直至其履行法定义务）。

用人单位的禁止行为。扣发已工作期间的工资（违反《工资支付暂行规定》第十六条）；扣押身份证等证件（可能触犯《中华人民共和国居民身份证法》）。

（3）证据收集固定证据指导建议。

劳动合同原件（重点标注离职条款）

小李签字确认的考勤记录（证明最后到岗日）

微信/短信离职沟通记录（需公证）

紧急雇用兼职人员的支付凭证

（4）AI生成的法律文书。

律师函草稿（自动填充企业信息与违约事实）：

“致小李：依据《中华人民共和国劳动合同法》第九十条，您未履行提前通知义务的行为已造成我公司经济损失，请在收到本函后 3 日内联系协商赔偿事宜，否则将依法提起诉讼……”

劳动仲裁申请书框架（含赔偿金额计算公式）：

赔偿金额 =（临时工日薪 × 雇用天数）+（日均营业额损失 × 缺岗天数）

（5）风险预警与其他建议。

败诉风险提示。若无法提供充分损失证据，仲裁可能仅支持书面道歉；诉讼成本（时间 / 金钱）可能高于实际获赔金额。

管理优化建议。在劳动合同中增加违约赔偿具体计算方式；为关键岗位员工购买履约保证保险。

从以上案例不难发现，AI 信息咨询已经在效率和周到方面超越了传统人工信息咨询，考虑得更加全面，不但给予了主要的解决思路还有风险提示和具体操作建议。在以往传统的管理咨询公司凭借权威专家的知识与经验，只是交付给咨询人一份咨询报告。

如今，AI 时代，客户需求变得更加多元和苛刻，单纯的咨询报告已经难以满足他们对实际成效的需要，更落地、更周全的信息咨询结果才是客户的需要。未来咨询行业或依靠撰写报告收取高额费用的商业模式已经落后，行业需要探索新的盈利模式，需要联合 AI 来重新找到新的方向进行变革和转型。

45 问题自动分类：80%咨询不用人工插手

企业在寻找用户，用户在寻找好产品，智能推荐是解决两者之间信息不对称的最好桥梁。

企业和组织的生存法则就是满足市场和用户的需求，企业离不开目标用户，用户也始终在探究不断变化的产品和服务。企业满足目标用户的根本前提是拥有洞察力，然后找到匹配用户需求的产品或服务予以推荐，让用户第一时间能够找到自己，才能有后续的成交。大数据可以帮助企业去获取用户特征，AI 智能算法又可以根据这些特征进一步模拟人的认知、判断和选择模式，给出个性化的信息与导向，为用户智能推荐更贴合他们诉求的产品或服务，引导他们直接或间接地进行交易，最终实现价值交换。

另外，消费者也可以通过 AI 的智能推荐轻松地获得大量信息和服务引导。抖音上的视频，淘宝上的商品，网易上的音乐，无不是大数据推荐的结果，这些大数据投喂给人带来好处的同时也带来了“信息孤岛”。随着 AI 的智能推荐发展，未来推荐系统能把信息投递给需要此信息的用户，能够实现信息精准、个性化的分发，节省了 C 端用户、运营者对部分信息的筛选、辨别和消耗的精力，帮助用户实现更加智能的个人决策需求。

【案例】AI 智能精准推荐

蜜源 App 推出的 AI 智能导购助手“智小蜜”，基于文心大模型开发。它能准确理解并分析用户以自然语言方式提出的购物需求，在海量知识库中筛选生成最为匹配的结果，以产品推荐理由、产品图片、优惠链接和购物攻略的组合形式推送给用户。还可通过多轮对话不断补充了解用户偏好，优化调整推荐结果。在内测阶段，蜜源 App 内 AI 智能导购助手的日均访问量就达到 3000 次以上，参与内测用户的次日留存率平均提升 10%。

AI 智能推荐，将重塑企业与消费者的关系。AI 智能推荐系统通过对海量消费者数据的深度挖掘与分析，精准洞察消费者的偏好、购买历史和行为习惯。企业借此能够为不同消费者量身定制个性化的推荐内容，将消费者真正可能感兴趣的产品或服务精准推送。

消费者在面对海量商品信息时，往往容易陷入选择困境。AI 智能推荐系统充当了贴心的购物助手，简化了购物流程，帮助消费者快速找到心仪商品。企业借助推荐系统及时响应用户需求，提供优质服务，大大提升客户满意度与忠诚度。

智能推荐系统能够分析消费者潜在需求，发现市场中尚未被充分满足的小众需求或新兴趋势。企业依据这些洞察，开发新产品、开拓新市场。

有了 AI 的精准推荐，消费者不再被动接受千篇一律的产品与服务，而是能根据自身需求和喜好获得个性化推荐。在线教育平台根据学生学习情况、知识掌握程度和学习目标，为其推荐专属课程与学习资料，满足每个学生的独特学习需求，真正实现因材施教，增强学习效果与体验。

所以，AI 智能推荐在企业与消费者之间形成了双赢局面，为企业开辟新的发展路径，为消费者带来便捷、个性化的消费体验。随着 AI 技术的不断进步，智能推荐将在更多领域深入发展，进一步重塑企业与消费者的关系，成为推动经济社会发展的重要力量。

46 复杂业务一键办：退换货、开发票，AI全搞定

三流的企业卖产品，二流的企业卖品牌，一流的企业卖解决方案。

现如今，企业做销售如果还停留在产品思维上，那就“太 LOW 了”。销售的内核是销售要把自己化身为能帮对方提供解决问题的专家，为对方量身打造一套完整的解决方案，才能适应当下的市场需求。

每个人当下都会有自己的痛点问题，都会有自己的需求，而且每个人都不一样，对于这个痛点问题，有的人能够深刻感受到，也有的人感受不是很深，需要你去引导、挖掘，让他认识到这个问题必须解决，既然有必须解决的问题，自然就会有想要解决的动机，一旦遇到了，就会毫不犹豫地下手。

如同医生面对患者需要通过“望、闻、问、切”四诊法，是为了真正找到“病因”，不会一上来就急于开方，而是需要找出病因、解释病情，最后给患者提供一个更利于康复的整体治疗方案。

AI 的出现也像医生对待患者一样，需要通过与用户的多轮对话，最终找到最符合用户需求的解决方案。

【案例】汽车销售场景的 AI 需求挖掘

某汽车 4S 店使用百聆科技开发的 AI 对话工具“大黄蜂”，潜在客户通过线上渠道咨询购车事宜。AI 通过多轮对话精准定位用户需求，并推荐匹配车型。用户进入咨询界面，发送初始消息：“我想买一辆适合家庭用的 SUV，预算 20 万元左右。”

AI 通过语义分析生成追问逻辑：

首先是家庭结构方面的询问："请问您的家庭常坐车人数是几位？是否需要考虑儿童安全座椅接口？"用户回复：5 人（含两位老人和 1 个孩子）。

其次又对使用场景进行询问："您更关注城市代步还是长途旅行？是否需要四驱功能？"用户回复：主要城市通勤，偶尔自驾游。

最后又对用户的隐性需求进行提问："您是否对智能驾驶辅助（如自动泊车）或新能源车型有偏好？"用户回复：希望有 L2 级辅助驾驶，油电混合优先。

根据以上的几次询问，AI 提出了动态解决方案。

数据库匹配：

筛选出油电混合 SUV 车型库；

按"5 座 + 儿童座椅接口 +L2 辅助驾驶"条件过滤；

结合预算推荐 3 款车型（本田 CR–V 混动、丰田 RAV4 双擎、比亚迪唐 DM–i）；

对比分析呈现：生成可视化对比表格（油耗、轴距、智能配置差异）；

突出推荐理由："比亚迪唐 DM–i 纯电续航 112km，满足您城市通勤零油耗需求；第三排座椅可临时扩展，适合家庭多人出行。"

场景化延伸服务：推送试驾预约链接（自动填充用户地理位置匹配最近 4S 店）；

附加金融方案："本店提供 36 期免息贷款，首付 15 万元月供约 1388 元。"

该案例体现了 AI 对话系统的核心能力：从单向应答升级为需求共创，通过结构化议程设计和多模态数据融合，将用户模糊的初始诉求转化为可执行的解决方案。

在案例中，AI 使用 BERT 模型分析用户语义，识别"家庭用车""预算敏感""新能源偏好"等几个标签，对用户需求形成了初步的分析。然后通过决策树算法动态生成追问路径，比如检测到有"老人和孩子"这些用户所提供的关键词触发了 AI 对于座椅舒适度的提问。最后关联车企数据库、第三方平台、地理信息，比如当用户提及“自驾游”时，AI 自动调取车型离地间隙数据并提示通过性优势，最终形成个性化推荐算法，对比相似用户画像的购买记录如 30~40 岁家庭用户中 65% 选择混动车型，避免过度推荐高利润低匹配车型。

通过情绪分析检测用户未明示的痛点（如频繁询问油耗可能暗示对充电便利性的担忧），采用对话设计 AI 扮演“专业购车顾问”，最终给用户提供了一套全面的解决方案。未来利用 AI 进行业务办理的企业会越来越多，如政务场景、企业培训等。

47 信用秒评估：AI看一眼数据就知道能不能赊账

你的生活，就是你的信用，有了 AI 参与的征信系统革新，用户的信用，将被重新定义。

一个人的信用越好，获得金融服务的门槛越低。所以，企业利用 AI 信用评估，能够分析客户的信用历史和行为数据，尤其是金融机构能够更加高效地进行风险评估，准确预测贷款违约风险；为客户提供个性化的投资建议，帮助他们更好地管理资产。

AI 技术能够替代人工重复性工作，增强效率和用户体验，一直是当前科技界和资本市场的热门话题。对信用评级行业来说，引入 AI 技术既有利于优化业务结构、提高评级效率，也可通过该技术的持续发展一定程度上解决行业痛点。

【案例】AI 解决征信"白户"困境

一些因为缺乏信用记录而被称为信用"白户"的人，常因无法提供社保、公积金等传统证明材料，难以获得金融机构的信贷支持。这类群体包括初入职场的年轻人、灵活就业者（如主播、新蓝领）等，他们的信贷需求长期未被充分满足。

蚂蚁消金推出的"小红花"智能实时交互式风控系统，通过 AI 技术突破传统征信评估模式：

允许用户上传近 20 类证书，包括职业资格证（如教师资格证、会计证）、语言能力证明（如托福、雅思）、荣誉奖项（如奖学金）等。

AI 模型实时分析这些"碎片化信息"，结合用户消费习惯、职业偏好等非传统数据，构建更全面的信用画像。用户可主动提交材料申请额度提升，AI 系统根据材料真实性和相关性快速反馈结果，提额幅度在数百元至数千元不等。

AI 通过识别证书真伪并评估其对信用的参考价值。打破传统风控的单向授信模式，用户可主动参与额度管理。将证书等非财务信息转化为信用评估依据，扩展普惠金融覆盖范围。

部分用户通过上传证书成功提额，如教师资格证、英语证书等"冷门材料"被认可，增强了征信白户的金融获得感。推动风控从"被动审核"转向"主动交互"，降低金融机构服务长尾客群的风险成本。助力了普惠金融发展，鼓励年轻人通过技能提升积累信用，促进信用体系的公平性和包容性。

这一案例展示了 AI 技术通过整合多维度数据、优化风控模型，有效解决了征信白户的信贷难题，为金融服务的精准化、普惠化提供了创新路径。

传统的征信信息采集依赖人工操作，成本高效率低。生成式 AI 能够快速从大量、多源的数据中提取并整理有价值的信用信息。只需要输入筛选条件，经过训练的 AI 即可高效完成信息的采集和整理，大大降低了人力成本。比如，传统商业银行评估个人信用情况时，一般依赖客户个人的年龄、职业、收入情况、存款金额和现金流情况对申请人信用风险进行评估，以确定最终可以授信的额度。金融机构借助 AI 计算客户的信用评分，进而决定是否给予发放信用卡，以及具体的信用额度。算法通常需要通过较大规模的样本数据采集，对信用违约和信用评估的各类数据进行相关性和因果关系的分析验证，进而获得实证数据支持的信用评估算法模型。经过验证后的算法模型在一定时间内是相对稳定的，可以应用于实践中对信用卡申请人的信用评估。

总之，AI 技术在信用评估领域的应用不仅提高了信息处理的效率和准确性，还提供了更加个性化的服务。通过合理的治理对策，可以充分发挥 AI 在征信领域的积极作用，促进金融企业和金融市场的健康发展。

48 大客户专属服务：AI记住每个老板的喜好

没有天生的大客户，只有用心“养”出来的合作伙伴，企业为客户提供支持，等于支持自己。

企业的成功往往来自积累了一批“死忠粉”。想靠“一锤子”买卖拿下大客户，无疑是痴人说梦。只有靠长期经营，把小客户养成大客户，把大客户养成老客户，才是一个企业的本事，也是企业持续盈利的基础。

客户能够不流失的主要原因是感觉到被支持、被服务，他们在使用你的服务或产品时收到了良好的体验，这样他们才愿意为你的服务和产品买单。怎样才能让客户感觉被支持呢？ AI 智能体可以帮助企业满足用户的这一需求。随着业务的增长，AI 智能体还可以扩大范围和规模，避免客户流失。AI 智能体可作为虚拟助手使用人工智能和自然语言处理技术来处理大量客户服务请求。通过实现常规任务的自动化，AI 智能体减少了人工代理的工作量，使他们能够专心处理需要更个性化的任务。为企业客户提供高效、个性化的支持。

【案例】AI 为健身爱好者提供个性化健康管理

某健康科技公司开发了基于 AI 的智能健身系统，通过“智能手环 + 手机 App+ 云端 AI”平台，为 200 万注册用户提供个性化健康管理服务。系统累计处理超过 15 亿小时的生物特征数据，使用户平均健身效率提高 40%。在技术方面，通过可穿戴设备实时收集用户的心率、血氧饱和度、皮肤电反应等；通过手机传感器定位、运动加速度以及用户输入的每日饮食照片，睡眠质量主观评分等。AI 在设备端进行初步数据清洗，构建了模型集群，建立了个性化推荐引擎、运动损伤预测、营养分析日志等，为用户实现了个性化支持。

首先是动态训练计划生成。晨间自动推送当日计划，“根据您昨夜深度睡眠减少 15%，建议将 HIIT 训练强度从 L5 降为 L3，增加 20 分钟瑜伽恢复”；实时动作矫正：通过手环振动提示“检测到深蹲时膝关节内旋 8°，建议调整站距至肩宽 1.2 倍”。

其次是智能营养干预。午餐拍照后即时反馈，“检测到蛋白质摄入不足（当前 32g vs 推荐 45g），建议增加 150g 鸡胸肉或 2 个鸡蛋”；根据血糖波动预测“未来 2 小时血糖将下降至 4.1mmol/L，建议现在补充 10g 碳水化合物”。

最后是恢复管理系统。HRV 分析“您的压力指数较基准值上升 37%，建议将明日晨跑改为冥想训练”；睡眠优化“根据过去 7 天数据，您的最佳入睡窗口是 22 : 45—23 : 15，当前室温 26℃偏高（推荐 20℃ ~22℃）”。

通过 AI 助力最终该健康科技公司实现了付费用户 12 个月留存率 68%，高于行业平均留存率的 42%。训练计划完成率从传统 App 的 53% 提高至 80%；临床对照试验，用户减脂效果明显，运动损伤发生率下降。

这个案例展示了 AI 系统如何通过多维度数据融合、实时反馈循环和持续学习机制，实现真正个性化的健康支持。系统不仅改变了传统健身模式，更构建了“预防—训练—恢复”的全周期健康管理闭环。

未来用户支持将更多依赖对话式 AI，通过语音或文字实现接近人类的自然沟通。例如，用户可通过简短指令（如“调整会议安排”）触发 AI 自动处理复杂流程，系统将基于上下文推测意图并提供多维度解决方案（如自动协调参会者日程、推荐最佳时间等）。结合 BERT 等大模型优化意图识别能力，并整合知识图谱实现跨场景服务连贯性。支持语音、图像、视频等多模态输入。例如，用户拍摄设备故障照片后，AI 可自动识别问题并提供维修指导视频，或直接联系技术人员。

通过整合穿戴设备数据（如心率、睡眠质量）、行为日志（如 App 使用习惯）及环境信息（如地理位置），AI 可生成实时动态用户画像。例如，健身助手根据用户前一日睡眠数据自动调整当日训练强度。基于用户行为预测需求，提供超前服务。如职场用户频繁处理跨国会议时，AI 助手可主动推荐实时翻译功能，或在检测到用户长时间工作后提示休息。

总之，AI 用户支持将从“被动响应”转向“主动服务”，形成覆盖生活全场景的智能生态。企业需重点关注垂直领域的数据积累与伦理合规，而用户则需适应人机协作的新型交互模式。在技术突破与场景落地的双重驱动下，AI 支持的边界将持续扩展。

第八章
防坑指南：AI当你的“贴身保镖”

49 巡逻不用人：无人机+机器人，死角全扫光

在智能化、自动化趋势日益显著的今天，AI 巡检技术正以前所未有的速度改变着我们的监控与管理方式，为各行各业的巡检工作带来了革命性的变革。

我们在这里所说的 AI 巡检，并不是狭隘上的“巡检”，而是在数字化、智能化转型的大潮中，即使是普通小企业，也能通过引入“AI 巡检”技术，开辟新的盈利渠道，提高业务效率，降低成本，从而在激烈的市场竞争中脱颖而出。以下是一些建议，帮助小企业利用 AI 巡检技术创造盈利机会。

例如，对于提供维护、保养或安全管理服务的小企业而言，AI 巡检可以显著提升服务品质。通过部署无人机或地面机器人进行定期巡检，企业能够及时发现并处理潜在问题，如设备故障、安全隐患等，从而确保客户资产的安全和稳定运行。这种高效、专业的服务能够增强客户的信任感和满意度，进而提高客户黏性，为企业的长期盈利奠定基础。

又如，小企业可以通过 AI 巡检开发定制化巡检解决方案，满足特定市场需求。为农业企业提供智能农田巡检服务，利用无人机搭载多光谱相机监测作物生长状况，及时发现病虫害；为工业园区提供安全巡检服务，利用地面机器人进行 24 小时不间断巡逻，确保园区安全。通过精准定位市场需求，提供差异化服务，小企业可以在细分市场中占据优势地位，实现盈利增长。

当然，AI 巡检不仅在于数据的采集，更在于数据的分析和应用。小企业可以建立数据分析团队，对巡检数据进行深度挖掘和分析，为客户提供有价

值的数据洞察。例如，通过分析设备运行状态数据，预测设备故障趋势，为客户提供预防性维护建议；通过分析农田生长数据，优化种植策略，提高作物产量。这种基于数据的服务能够为企业带来额外的收入来源，同时增强客户的依赖性和忠诚度。

【案例】小企业利用AI巡检，成功拿下了大工业园区订单

何总经营着一家专注于工业安全解决方案的小企业，主要业务就是致力于提升工业园安全管理水平。工业园进行新一轮的招标，他感觉今年的招标书可能不符合工业园安全管理需求。

在看了他的招标书，并了解工业园区最新需求之后，专家建议他直接引入AI技术进行工业园的安全管理。

在何总重新制定了招标书之后，成功拿下了工业园区的订单。招标书的内容改为，通过AI技术，部署地面机器人进行24小时不间断的安全巡检。机器人搭载高清摄像头、红外传感器等设备，能够实时监测园区内的安全隐患，如设备故障、人员违规操作等，并及时发出预警。

此外，机器人还配备了先进的AI图像识别算法，能够智能识别设备故障迹象，如泄漏、损坏或异常振动以及人员违规操作行为，如未佩戴安全装备、违规进入危险区域等。一旦发现潜在的安全隐患，机器人会立即通过无线网络向控制中心发送预警信息，确保管理人员能够迅速响应并采取必要的纠正措施。

何总在整个部署上进行了调整，本以为调整之后，利润方面会不如之前，结果发现能赚钱的地方更多了。比如，基础费用是向工业园区提供安全巡检服务，按年或按月收费。但除了基础的巡检服务，企业还能够充分利用收集到的巡检数据，提供一系列增值服务。比如，基于数据分析的安全培训，帮助企业提升员工的安全意识和应急处理能力等。

通过实施这一创新的安全巡检方案，工业园区内的安全隐患得到了前所未有的有效监控和处理。机器人能够及时发现设备故障的早期迹象，避免了

因设备损坏导致的生产中断和成本增加。

公司这些积极的成果直接反映在工业园区管理方的高度评价上，工业园区不仅对企业的服务表示满意，还主动推荐给了其他工业园区。随着口碑的传播和业务的积累，何总虽然经营的是一家小公司，但服务范围不断扩大，客户基础日益稳固，实现了从初期投资到稳定盈利的快速增长，为企业的持续发展和市场扩张奠定了坚实的基础。

50 防黑客入侵：AI筑墙，攻击来了自动反击

AI 网络安全系统，目前正在做三件事，第一，识别威胁，第二，对威胁进行溯源和取证，第三，阻断威胁源头。可以说，AI 在安全领域的应用是全面和彻底的。要知道，不管多小的公司都有不可外泄的重要数据，不管哪个客户都希望自己的个人信息被严格保护。AI 网络安全，不仅可以保护公司数据、保护客户隐私，更可以为企业的数字化转型保驾护航。

随着 AI 技术的飞速发展，AI 在网络安全领域的应用正逐步展现其巨大潜力。AI 网络安全通过智能化决策与自动化响应的双引擎驱动，为企业提供了前所未有的安全防护能力。

在企业管理方面，AI 技术能够处理和分析海量的网络数据，识别出潜在的安全威胁。通过深度学习算法，AI 系统能够训练出对特定攻击模式的高精度识别模型，从而在攻击发生前就能进行预判。这种智能化决策的能力，使企业能够在安全风险暴露之前，就采取相应的防御措施，大大降低了被攻击的风险。

此外，AI 还能根据历史数据和当前的网络状况，动态调整安全策略。例如，当检测到某个时间段内网络流量异常增加时，AI 系统可以自动调整防火墙规则，限制不必要的访问，从而有效防止潜在的网络攻击。

作为企业，我们之所以利用 AI 网络安全系统，是因为 AI 网络安全系统能够减轻安全团队的工作压力。

最后，还是要说一下构建全方位安全防护体系的两大核心引擎：智能化决策与自动化响应。它们相互协同，共同构建了一个全方位、多层次的安全防护体系。在这个体系中，AI 系统能够实时监测网络状况，精准识别潜在威胁，并根据威胁的严重程度和紧急程度，自动触发相应的响应机制。这种智能化的安全防护方式，不仅提高了安全防护的效率，还大大降低了人为干预的风险。

【案例】制造企业通过 AI 网络安全解决方案保住企业口碑

李辉经营了一家小型制造企业，专注于生产精密零部件，拥有约 50 名员工。随着业务的增长，企业逐渐意识到网络安全的重要性，尤其是防止数据泄露和客户信息被盗用。然而，由于预算有限，企业难以聘请专业的网络安全团队或购买昂贵的网络安全设备。

在这种情况下，他决定引入 AI 网络安全解决方案。

首先，选择工具。选择一款基于 AI 的智能入侵检测系统。该系统利用机器学习算法，对网络流量进行实时分析，能够自动识别和拦截潜在的恶意攻击。与传统的基于签名的 IDS（传统入侵检测系统）相比，AI-IDS（AI 驱动的入侵检测系统）能够检测更复杂的攻击模式，如零日攻击，且误报率更低。

其次，部署具体的防御命令。为了减轻安全团队的工作压力，部署了自动化安全响应机制。一旦 AI-IDS 检测到攻击行为，系统会自动触发预设的响应措施。

最后，对公司员工进行分析，检测员工网络行为。考虑到内部人员泄露数据的风险，该企业还引入了一款基于 AI 的员工行为分析系统。该系统能够监测员工的网络活动，识别出异常行为模式。

自从引入了 AI 网络安全，又通过部署 AI-IDS 和自动化安全响应机制，李辉企业的网络安全防护能力得到了显著提升。在过去的半年中，系统成功拦截了多次潜在的恶意攻击，包括钓鱼邮件、勒索软件等，有效保护了企业的数据资产和客户信息。

AI 的智能入侵检测系统不仅保护了企业重要数据和客户信息的安全，而且还提高了工作效率，为公司节省了大量成本。AI 系统的智能化和自动化特点，也使企业在资源有限的情况下，依然能够保持较高的网络安全水平。

其实，不管是大企业还是普通小企业，都能够通过巧妙运用 AI 技术，有效提升自身的网络安全防护能力。尽管资源有限，但小企业依然可以通过选择合适的 AI 网络安全解决方案，实现网络安全防护的智能化和自动化，从而为企业的发展提供强有力的安全保障。

51 刷脸开门：指纹、虹膜，AI让你告别钥匙

AI 安全认证，就好比一颗“定心丸”，AI 安全认证向外界传递了一个明确的信息，企业重视数据安全，遵循行业最佳实践，并愿意投入资源来确保 AI 系统的安全性。这有助于增强客户对企业的信任，更有利于企业迅速占据市场份额。

先来了解一下 AI 安全认证的概念。通俗来讲，AI 安全认证就是个大集成，它要确保 AI 系统、软件或者服务在从头到尾的整个过程中都得遵守一些安全规则和最好的做法。这些规则和做法包括了保护数据隐私、让模型更结

实、系统更安全。总之，AI 安全认证就是让用户不受潜在的安全威胁、数据泄露、算法偏见等问题的伤害。

从概念上来看，AI 安全认证适用于任何企业。对小企业来说，AI 安全认证可以获得多方面的发展机遇和优势，这些优势有助于提升企业的竞争力、市场地位以及客户信任度。

就是通过 AI 安全认证增强客户对企业的信任，尤其是对于一些以处理敏感数据或提供关键服务的企业来说，引入 AI 安全认证是对客户的一个承诺，也是对客户信息安全的一个保障。

但是，AI 安全认证的功能不仅限于提高客户对企业的信任度，还能够提升企业市场竞争力。在日益激烈的竞争中，客户在选择企业时，往往会将安全放在首位。所以，AI 安全认证是中小企业在竞争中的有力武器，受到更多客户青睐。

作为一个企业，当客户越来越多时，就要考虑是不是为了服务客户，满足客户需求而扩大业务范围。其实很多老板的公司业务、商业版图都是在发展中变化的。通过 AI 安全认证之后，一些企业会打开之前受限的市场或客户群，从而扩大业务范围和市场份额。

当一个企业能够通过 AI 安全认证得到客户信任、提高市场竞争力、扩大市场，也能够通过 AI 安全认证提高自身品牌形象、促进与业内外大企业的技术创新与合作、提高企业内部员工的团队凝聚力，并能够建立长期的竞争优势。

我们下面举一个案例，通过案例来看一下 AI 安全认证对小企业的作用有多大。

【案例】凭借 AI 安全认证的通过，小型智能安防企业成功接大单

来自武汉的马总是一家深耕于智能安防解决方案领域小型企业的老板，自成立以来，便秉持着为客户提供高效、智能且可靠的安防监控服务的宗旨。通过持续的技术创新和优质的服务，安盾科技在行业内逐渐崭露头角，成了众多客户信赖的合作伙伴。但是，毕竟是家小公司，想要进一步发展，还存在难度。

针对马总的小公司，专家给出的建议就是进一步提升自身的技术实力和服务水平，并且认真做好 AI 安全认证。

马总积极投身于 AI 安全认证的工作之中。经过严格的审核和评估，马总的企业成功获得了 ISO 27001 信息安全管理体系认证和 ISO 27701 隐私信息管理体系认证。这两项认证不仅充分证明了企业在数据安全和隐私保护方面的专业能力，更彰显了其对客户信息安全的高度重视和承诺。

随着公司成功获得 AI 安全认证，其在客户中的信誉度也得到了显著的提升。客户对马总公司的安防解决方案的可靠性和安全性有了更加深入的了解和信任，纷纷表示愿意与其建立长期稳定的合作关系。这不仅为安盾科技带来了更多的业务机会，更为其在行业内的口碑和影响力奠定了坚实的基础。

除此之外，凭借 AI 安全认证的加持，公司的业务版图得到了进一步的扩张。多家大型企业和政府机构在看到了公司的专业实力后，纷纷向其抛出了合作的橄榄枝。这些合作不仅为马总带来了丰厚的经济收益，更为其积累了宝贵的行业经验和资源，为其未来的持续发展提供了有力的支撑。

由此可见，小企业通过 AI 安全认证可以获得多方面的发展机遇和优势。这些优势不仅有助于提升企业的竞争力，还有助于塑造企业的良好形象和品牌价值。因此，对于有志于在 AI 领域取得长足发展的小企业来说，通过 AI 安全认证无疑是一个明智的选择。

52 支付零风险：AI盯紧每一笔钱，骗子干瞪眼

AI 安全支付对企业发展真的非常重要。随着技术越来越先进，应用场景也越来越广，AI 安全支付会成为企业数字化转型的关键，帮助企业在这场激烈的市场竞争中变得与众不同。

在数字化时代，支付方式的变革日新月异，AI 安全支付正逐渐成为主流的支付方式之一。随着人工智能技术的不断进步和应用场景的拓展，AI 安全支付以其高效、便捷、安全的特点，赢得了广大用户和企业的青睐。

对于用户来说，只需进行简单的操作，如语音指令、生物特征识别等，即可完成支付，大大节省了时间和精力。同时，AI 安全支付系统能够实时监测交易数据，识别异常行为，有效防范欺诈风险，保障用户的资金安全。

对于企业而言，它不仅在支付效率和运营成本上为企业带来了显著的改善，还极大地增强了企业的市场竞争力。比如，AI 安全支付显著提高了支付效率。通过智能识别、自动化处理等技术手段，AI 支付系统能够迅速处理大量的支付请求，大大缩短了支付周期。直接提高了企业的资金流转速度，还使得企业能够更高效地响应客户的需求，提高了整体的服务质量。

除此之外，AI 安全支付有效降低了企业的运营成本。传统的支付方式往往需要投入大量的人力、物力和财力进行维护和更新。而 AI 支付技术则通过自动化和智能化的方式，减少了人工干预，降低了运营成本。

更重要的是，AI 安全支付增强了企业的市场竞争力。通过引入 AI 支付技术，企业能够为用户提供更加安全、便捷的支付体验。这不仅提高了用户的

满意度和忠诚度，还为企业树立了良好的品牌形象。在竞争激烈的市场环境中，一个安全、高效的支付系统往往能够成为企业吸引客户、留住客户的关键因素。

此外，AI安全支付还具备精准营销和风险管理等功能。通过数据分析，AI支付系统能够深入了解用户的消费习惯和需求，为企业提供精准的营销策略。同时，AI支付系统还能够实时监测交易数据，识别潜在的风险和欺诈行为，为企业提供及时的风险预警和管理措施。这些功能不仅提高了企业的运营效率，还增强了企业的盈利能力。

【案例】餐饮企业通过率先使用AI安全支付实现连锁扩张

张总是一位深耕餐饮行业连锁企业的老总，凭借其独特的菜品风味和优质的服务，在本地乃至全国范围内积累了一定的知名度和忠实顾客群体。然而，随着移动互联网技术的飞速发展，消费者的支付习惯发生了显著变化。

从传统的现金支付到银行卡刷卡，再到如今的移动支付，支付方式的迭代升级不仅为消费者带来了前所未有的便捷，也对餐饮企业的运营模式提出了更高要求。面对这一趋势，张总很早就深刻意识到，要想在激烈的市场竞争中保持领先地位，就必须紧跟时代步伐，提高支付效率，优化客户体验。

在手机支付刚普及的时候，张总的餐饮连锁店就已经率先引进了手机支付，现在更是为了积极响应市场需求，果断引进先进的AI安全支付系统，这一系统涵盖了智能点餐、自助结账以及生物识别支付等前沿功能。智能点餐功能允许顾客通过扫描餐桌上的二维码，轻松浏览菜单并完成下单，极大地缩短了等待时间；自助结账功能则通过人脸识别或指纹识别技术，实现了快速无接触支付，既提升了支付速度，又有效避免了排队等待的烦恼。

其实在任何行业中，AI安全支付技术的应用，使支付流程变得既便捷又安全，这一支付模式迅速赢得了广大顾客的信赖和好评。消费者不仅享受到了前所未有的支付体验，还因为支付安全性的提升而感到更加放心，从而进一步加深了对企业、品牌的忠诚度。

同时，随着支付效率和客户满意度的双重提升，企业的市场竞争力和盈利能力也得到了显著增强。由此可见，AI 安全支付技术对于普通企业的重要意义。通过积极拥抱这些先进技术，企业不仅能够赢得客户的信任和忠诚，还能开拓新的业务领域，推动整体业务的快速发展。

53 反诈神器：AI一眼识破钓鱼链接和假合同

在互联网的世界里，滥用网络技术进行诈骗的行为，不仅是对技术的扭曲，更可能导致企业遭受经济损失、客户流失等风险。所以，企业要想更好地发展，不仅要在销售、业务、管理上下功夫，更要利用 AI 反欺诈为企业保驾护航。

随着科技的迅猛发展，人工智能技术日新月异地进步，它就像一把悬挂在头顶的达摩克利斯剑，既为我们的生活和工作带来了前所未有的机遇，同时也伴随着挑战和潜在的风险。

AI 反欺诈技术，就是用机器学习算法，在一大堆商品交易数据里找线索。它就像个老练的侦探，全方位分析用户的交易行为，从花多少钱、什么时候花钱到在哪里花钱，给每个用户画出一个清晰的交易画像。要是有交易行为跟画像差得特别远，比如半夜三更突然在国外买奢侈品，系统立马就警觉起来，像豹子抓猎物一样快，马上发出警报，准确地拦住欺诈交易，让那些骗子没法得逞。

企业运用 AI 反欺诈技术不管是从时间上还是速度上，都快于传统反诈手段。AI 反欺诈就像闪电一样眨眼间就能处理一大堆数据，一旦发现有欺诈苗头，立马就雷厉风行地将它掐灭。当传统方法可能还在人工审核的迷宫里转悠时，AI 反欺诈已经把数据扫了好几遍，风险评估也完成了。

因此，当 AI 反欺诈技术被应用于企业环境中时，它所展现出来的优势是多方面的，包括高效性、智能化以及全面性。具体来说，AI 反欺诈系统具备实时处理和分析海量数据的能力，这极大地提高了对欺诈行为的识别准确性和处理效率；在智能化方面，该系统能够自动学习和适应不断变化和更新的欺诈手段，从而有效降低人工干预的频率和相关成本，同时减少因人为因素导致的风险；全面性则体现在它能够帮助企业实现对各种欺诈行为的全方位监控和防范，确保企业资产的安全。

【案例】金融科技公司引入 AI 反欺诈，为公司守护财产安全

贺总开了一家金融科技公司，专注于为小微企业提供贷款服务。公司虽然刚起步，但是业务量还不少。不过，大量业务中也会藏有一些不法行为，例如，有的人会利用贷款申请的漏洞，通过伪造个人资料或冒用他人身份信息进行贷款申请。

一旦这些人的不法行为得逞，就会对公司产生巨大的危害。不仅严重损害了公司的经济利益，更对公司的声誉和长期稳定发展构成了巨大威胁。面对这一严峻挑战，贺总决定引进先进的 AI 反欺诈技术。

这一技术不仅融合了自然语言处理的精髓，还巧妙结合了机器学习算法的强大分析能力。在贷款申请的审核过程中，系统会对申请人填写的职业、收入、联系方式等关键文本信息进行深度挖掘和细致分析。通过对比申请人提供的信息与数据库中已有数据的关联性，系统能够敏锐地捕捉到文本中的不一致、矛盾或可疑之处。例如，当系统发现申请人的收入水平与职业不符，或者联系方式与以往记录存在明显差异时，会立即触发预警机制，提示审核人员对该申请进行进一步的核实和调查。

通过 AI 反欺诈技术的引入，系统能够精准地识别出潜在的欺诈申请，从

而有效遏制了欺诈行为的发生。在 AI 反欺诈技术的帮助下，公司的贷款欺诈率显著下降，资产质量得到了显著提高。

不仅让公司避免了巨大的经济损失，更在客户心中树立了良好的品牌形象，增强了客户的信任度和忠诚度，进一步提升了客户满意度和市场竞争力。

AI 反欺诈技术在保护财产安全方面发挥着越来越重要的作用。通过实时监控交易、分析用户行为、预警和拦截风险以及识别欺诈模式等手段，AI 反欺诈系统为用户和企业提供了全方位的安全保障。

展望未来，AI 反欺诈的征程充满希望之光。随着技术的持续升级，我们期待它能进一步磨砺锋芒，成为交易安全领域坚不可摧的堡垒。

54 安全终极武器：AI越学越聪明，漏洞自己补

近年来，AI 技术不断突破以往的技术瓶颈，其应用范围从自动驾驶到智能语音助手，从图像识别技术到自然语言处理，AI 在各个领域的应用变得越来越广泛。然而，究竟是什么因素使得 AI 变得如此聪明，能够从浩如烟海的数据中洞察出潜在的规律，并且做出精准的判断和决策？

2006 年，杰弗里 · 辛顿等人提出“深度学习”，这给 AI 领域带来了翻天覆地的变化。

深度学习是一种用神经网络来训练机器的方法，它能通过很多层的网络结构自己学会从数据里找出特点和规律。自从深度学习出现后，AI 就像坐上了火箭，特别是在图像识别、语音识别、自然语言处理这些领域，进步得飞快。

对于一般企业来说，AI 深度学习的好处很多，它不仅是个技术上的突破，还是推动企业转型、提高核心竞争力的关键。

通过深度挖掘数据的价值、模拟人类的智能决策，AI 深度学习让企业运营效率大幅提高、决策过程更优化，竞争力也明显增强。

在运营方面，AI 深度学习能自动处理一大堆重复的工作，减少人工操作，生产效率自然就上去了。举个例子，在制造业里，深度学习模型能用图像识别技术实时监控生产线上的产品质量，发现问题及时纠正，保证产品质量稳定。此外，AI 深度学习能优化供应链管理，通过预测分析技术准确预测需求变化，让库存管理达到最佳状态，降低运营成本。

在决策过程优化方面，AI 深度学习能处理和分析海量数据，找出数据之间的复杂关系，给企业管理层提供更精准、全面的决策支持。在金融行业，深度学习算法能分析客户的交易历史、信用记录等信息，建立个性化的风险评估模型，帮助金融机构做出更明智的贷款和投资决策。这种基于数据的决策方式不仅提高了决策的准确性，还缩短了决策周期，让企业能更快地应对市场变化。

在增强市场竞争力方面，AI 深度学习给企业带来了创新的产品和服务。通过深度学习和自然语言处理技术，企业可以开发智能客服系统，提供全天候的客户服务，提高客户满意度和忠诚度。

【案例】智能语音助手帮助在线教育企业抢占市场

尹总一直耕耘于在线教育领域，近几年在线教育竞争激烈，尹总的平台从资金到规模再到师资力量都没办法挤入在线教育的一级梯队。这两年新兴平台的强势进入，让本来就徘徊在一级梯队外的尹总连二级梯队的位置都没保住。

经过咨询，尹总不仅开发了智能语音助手，而且先对英语“下手”，智能语音助手能够识别学生的发音、语调等语音特征，并根据学生的学习进度和能力提供有针对性的指导和建议。

这种新颖的教学模式，实现了学生一对一的学习模式，但在价位上却远远低于一对一收费。所以，深得学生及其家长青睐。这种创新的教育模式不仅提高了学生的学习兴趣和效率，还为企业带来了新的业务增长点。

对于企业而言，通过智能语音助手，企业能够更直接地接触到学生的学习需求，收集到大量宝贵的数据反馈，为产品的持续优化和创新提供了有力的支持。同时，智能语音助手也为企业带来了品牌影响力的提升，吸引了更多家长和学生的关注，进一步扩大了市场份额。

除了能够应用于教育领域的场景，AI 深度学习还在多个业务场景中实现了智能化的全面升级。比如，在医疗领域，深度学习技术可以辅助医生进行疾病诊断和治疗方案制订，提高医疗服务的效率和质量；在交通出行方面，深度学习算法能够优化交通流量管理，减少拥堵和交通事故的发生，提升出行体验等。

由此可见，AI 深度学习对于普通企业来说，不仅是一项技术革新，更是推动企业转型升级、提升核心竞争力的关键力量。通过深度挖掘数据价值、模拟人类智能决策过程，AI 深度学习技术为企业带来了运营效率的提高、决策过程的优化、竞争力的增强以及业务场景的智能化升级，助力企业在激烈的市场竞争中立于不败之地。

第九章

过日子：AI让家“聪明到会说话”

55 一句话控制全家：空调、灯光、窗帘听你指挥

对于跨时代家居企业来说，如何利用 AI 智能技术把细节一个个做到用户心里，将成为后续创意研发的核心趋势。

随着人工智能技术的蓬勃发展，越来越多的 AI 黑科技开始进入人类的生活，秉持着对家居生活美好的向往，智能家居方面的需求开始在大众中日渐凸显出来。这些黑科技不仅提升了消费者的家居体验，还衍生出家居领域的新时尚，于方方面面间，悄无声息地改变了我们的生活。

所谓智能家居系统，说的就是以现代智能家居系统理念为核心，通过 AI 技术，彻底落实家庭电器和自动化智能管理的愿景和过程。想象一下，刚刚下班回家，家里的智能系统就可以自动识别主人身份，为你自动开灯，调节室内温度，放上平时最喜欢听的音乐，这样的家居体验会不会更舒适，更令主人开心呢。

而现在，只要你想要，这样温馨的家居体验便随时可以光临你的世界，你只需要通过一部手机，便可以以全程控制的方式操作自家家电，实时查看电源开关状态，避免一系列室内不良的安全隐患。这种系统之所以被称为黑科技，最重要的原因就在于，系统大大提高了生活的便利性、安全性，秉持“贴心管家”的身份，为户主带来更贴心、更安心的家居新体验。

【案例 1】

Josh.ai 是一家成立于 2015 年的智能家居企业，总部在美国科罗拉多州，企业主打品牌产品是一款智能家居语音助手服务，它可以通过语音指令的方

式，帮助户主自如地控制家庭的各种设备和系统。不论是灯光、音响、电视，还是窗帘、空调、电冰箱。

与其他智能家居语音助手系统相比，Josh.ai 更注重用户的隐私和安全，它采用了严密的端到端加密技术，可以更周密地保护用户的语音数据不被盗窃、获取和滥用。

此外，Josh.ai 还提供了一整套智能家居领域相关问题的解决方案，不论是自适应照明、自动化窗帘、音乐，还是安全系统、摄像头，都可以通过人工智能的强大算法，为用户提供更智能、更便捷、更舒适、更愉悦的家居体验。

【案例 2】

2023 年 2 月，全球化 IoT 开发了平台服务商涂鸦智能，并正式宣布推出智能家居和智慧商业场景下，通过整合 ChatGPT 相关技术，已形成了一套带有智能应用系统的 Demo。该应用 Demo 采用的是 Prompt Engineering 方法，通过引入 ChatGPT 的强大语言处理能力，结合自身涂鸦的 AI 技术模型，将为用户带来更高效、更智能化的生活体验。

同期，涂鸦还将发布两个智能化视频 Demo，它向大众展示了类 ChatGPT 应用 Demo 在智能家居以及智慧酒店场景下的超强智能理解能力，高超的对话能力和更精准的语音识别能力。

在智慧酒店场景下，涂鸦类 ChatGPT 应用 Demo 将打造出一个自动联动的超强智能场景。彻底实现刷脸开锁，灯光亮度调节以及节能控制，再加上之前的智能窗帘、智能电视、智能淋浴等已建设完成的系统设备，两者之间的互联互通，不仅更有利于酒店化相关产业的模式管理，还为用户提供了更智能、更舒适的入住体验。

就未来而言，随着 AI 技术的不断进步，智能家居系统将变得更智能、更安全、更富人性化。不仅家电间的兼容性会大大提高，用户还将享受到更贴心、更个性化的家居体验。

如今的 AI 智能家居技术，正在以惊人的速度广泛地推广于各个领域的智能范围，以超强的创造力改变着我们的生活，无论是日常生活便利方面，还是个性化定制方面，其鲜活的呈现都彰显出了 AI 智能家居运作的巨大潜力和商机，随着透显示屏、全息技术等高精尖端技术的普及和应用，AI 家居将彻底改变我们与信息间互动传递的方式，提升我们的生活质量，为我们带来超乎想象的智能家居新体验。

56 老房变豪宅：AI设计装修方案，省心又省钱

新时代 AI 家居设计，与设计师的思想内涵深入结合，既屏蔽了死板的机械化设计，又为广大的消费者提供了一种全新的家装设计体验。其间无疑商机巨大！

随着人工智能技术的极速发展，AI 智能已经渗透人类生活的方方面面，而作为家装设计创作领域，其所受到的 AI 智能影响在不断地刷新人们的认知。

在 AI 智能时代，传统的设计方法正在 AI 智能化运作下不断被重新定义，这无疑给新时代设计师带来了前所未有的机遇和挑战。

毫无疑问，AI 智能技术，通过对用户数据的大量分析，能够更准确地了解用户的设计偏好、生活习惯和家居需求，秉持对客户更贴心的了解，其所生成的个性化设计方案也就更容易获得客户的认同，达成他们心中最理想的设计需要。这种定制化服务不仅大幅提高了客户对家装设计的满意度，也极大地缩短了方案定制的设计周期。

而就设计师与 AI 技术的融合而言，通过主动学习 AI 基础知识和相关软件的应用操作，设计师便可以灵活掌握各项 AI 辅助工具的操作和设计功能。人

性与技术性的融合既可以帮助设计师更好地提高工作效率，也可以在加入设计个性思想创意的同时，保持设计创意本身的深度和灵魂内涵。

【案例】

2024年年初，PrestIAI在家具行业掀起了力度空前的革命性变革，通过提供前沿的人工智能解决方案，PrestIAI就可以很自如地帮助用户快速制作出高质量的生活影像。

对于家具零售商和制造商而言，这款技术无疑成为颠覆固有传统模式的超强利器，他改变了传统模式下的家装规则，既减少了昂贵的拍摄和耗时的3D渲染，又可以在大数据的推演设计下，进一步达成客户家装方面的个性化需求。

PrestI的创新软件，能从简单的生活场景图像中生成大规模的产品轮廓和图像制作，其便捷性和效率性诠释，正在为整个家具行业带来不可或缺的量化支持。

PrestIAI的核心在于其最新发布的人工智能技术，这款AI智能在家具和室内环境的设计建构方面，有着显著的创造力和运作力。它不但能按照用户的心愿，轻松地创建出富有专业性的图像，还能从感官上带给客户心旷神怡的视觉美感。

这些功能使得很多业内企业在接受软件运作相关知识后，能够在设计中以更加逼真、更富美感的视觉效果，吸引客户目光，达成最终的交易创作。

除了技术达到了国际领先水平，PrestI的解决方案还具备了强大的运作效率性和成本经济性，据业内人士透露，PrestI的AI运作速度是传统摄影或3D渲染技术的100倍之多，这样的量化设计特别适合需要快速扩展视觉运作内容方面的企业。

同时，PrestI的工具成本也低至其他方法的十分之一，这样低廉成本的运作，使很多高质量的智能制作对各类图像设计公司来说不再复杂，甚至可以说是触手可及。除此之外，使用PrestI软件的零售商还报告称，经过PrestI相关运作处理的影像转换率相比之前提高了4倍，这充分证明了这些视觉效果的优良品质和备受市场认同的影响力。

除此之外，PrestI 还成功实现了其生活设计和影像制作方面的公平化和民主化。传统影像制作方法，通常需要大量的专业知识、昂贵的设备和时间成本方面的投入。而 PrestI 的 AI 软件却对新手用户极为友好，即使没有专业的技术背景，只要掌握软件应用的相关知识，也可以轻松上手，做出富有创意色彩的优秀作品。

更令人惊叹的是，面对这套软件系统，用户只需要输入少量的信息，便可以创建个性化，为特定场景量身定制的沉浸式环境。这不但大幅度地满足了客户的需求，还有效地消除了以往行业在制作内容方面的技术障碍。

对于那些寻求尖端影像解决方案的企业来说，PrestI 的新型 AI 操作技术，显然是其企业向前推进发展的有力工具。为此，我们相信，随着 AI 时代的全面到来，AI 在室内设计行业领域的发展还将不断迈进。无限的可能、无限的机遇，必将在满足消费者视觉美感的同时，最大限度地落实他们在家居设计方面的个性需求。

57 防盗防火：AI监控，小偷还没进门就报警

AI 给予人们的除了完美的家居环境，贴心的家居设计，最重要的一个环节在于它们对家居安全的贴心护卫。即使不在家，也能明了家中的一切情况，全方位，无死角地呵护家人的生命财产安全。

在 AI 智能时代，智能家居技术，正以前所未有的速度改变着人类的生活，它不仅让家居生活变得更加愉悦舒适，还担当起了家庭卫士的角色，在

家庭安全方面展现出空前巨大的商业潜力。

通过集成先进的传感器、监控系统和自动化控制设备，如今在智能家居中这一切都得到了广泛的推行和使用，它不但能够有效地为用户提供实时检测，还能在即时相应的远程管理作用下，显著地提高居住环境的安全性。

传统钥匙容易丢失或被复制，其中必然存在巨大的安全隐患，相比之下智能门锁采用指纹识别，面部扫描甚至手机蓝牙解锁等多方面智能运作模式，以确保住宅安全。

除了防范外部威胁，智能家居也同样重视内部设置的安全问题，例如，智能烟雾报警器能够在烟雾浓度超标时自动发出警报，并将信息同步发送到用户的手机上。而气体泄漏探测仪则能够及时地发现天然气泄漏的可疑迹象，在切断气源的同时，启动通风换气系统，帮助户主切实有效地规避危险，降低事故在家居生活中的发生概率。

【案例】

智慧安全守护家的安全系统到底有多强大？综合来看，其拳头领域主要有以下几个方面。

（1）智能门禁系统。智能门禁系统可以说是智能安全家居屏障的第一道防线，通过安装智能门锁，人脸识别、指纹识别等各项智能设备，全方位实现对家居入口的严密把关。家庭成员可以通过智能手机App、密码、指纹等多种方式，定制个性化的家居进出程序，而陌生人则根本无法随便入内。除此之外，智能门禁系统还具备特别的报警功能，一旦有异常情况发生，便会即刻发送预警，保障家庭财产，确保家庭成员的生命安全。

（2）智能监控系统。智能监控系统可以说是智慧安全保护家的另一道安全防线，通过在家庭内部安装高清摄像头，红外线夜视等高精尖端科技设备，可以在实现家庭环境全天监控的同时，助力家庭成员随时查看家中情况，一边无死角视频转换，一边努力确保家庭成员的安全保障。此外，智能监控系统还具备强大的智能识别功能，不但能够自动识别陌生人的异常情况，还能及时向家庭成员发送预警信息。

（3）智能报警系统。智能报警系统是智能安全守护家中最核心的组成部分，通过集成烟雾报警，燃气报警，水浸入报警等各类安全传感器，实现对家庭环境的全面检测和把控，一旦有火灾、燃气泄漏、水浸等方面的异常问题，智能报警系统就会立即启动报警程序，及时向家庭成员发送报警信息，并自动对接消防部门、物业部门等相关机构，确保家庭安全得到最及时、最有效的处理。

（4）智能防盗系统。智能防盗系统是智慧安全守护家的又一道重要防线，通过安装窗户防盗网，智能窗帘等设备，彻底实现对家庭窗户部位的严密防护。此外智能防盗系统，还特别为此设计了入侵检测功能，一旦有陌生人非法闯入家中，系统就会立即启动紧急报警程序，及时向家庭成员发送报警信息。此外，智能防盗系统还能与智能门锁，智能监控系统协调配合，形成一道完整、有效的家庭自动防卫体系。

随着物联网、大数据、人工智能等一系列高新技术的开发，类似安全守护家这样的家庭防护系统，将在智能化优质管理的进程中，以更高效、更精准的安全防护，融入千家万户的生活，融入对每一个用户贴心的保障里。

家庭安全意识的提高将进一步推动智能安全守护的普及、进步和创新，随着人们对家庭安全问题的重视程度不断提高，将会有越来越多的家庭选择安装智能安全防卫屏障系统，在确保家庭成员生命财产安全的同时，也收获了一份更贴心、更富保障性的服务体验。

58 通勤不堵车：AI实时规划最快路线

如今的 AI 智能正以它特有的方式为交通概念提出新的运行模式和参考方案。更令人惊叹的是，它已经开始融入我们的出行，以大数据作为依托，一步步地改造着我们人类的生活。

随着 AI 大时代的到来，以“互联网 +”、智能网联、大数据、人工智能等为鲜明代表的高新技术产业，已渗透到了我们生活的方方面面，而就道路交通领域而言，其颠覆性的深化应用，正不断改变着我们对固有交通的古板印象，它正以更安全、更便捷的方式，提升着我们的出行质量，不断兑现着我们的需求，也一次次作用智慧交通领域的延展与蜕变。

智慧交通是将交通产业与互联网、大数据、人工智能以及区块链等新兴信息技术有机地融合在一起，对实时数据进行效率收集，汇总、分析、引导，从而最大限度地减少交通拥堵，提高大众出行品质，维护交通安全，树立新型交通、智能交通的全新管理模式。在完成大量应用信息的技术处理后，智慧交通的实时性、系统性，信息的交互性和服务范围的广泛性，都将随着 AI 智能化运作的延展，而得到大规模的提升。

【案例】

腾讯应用 AI 技术，结合感知、分析、管理、服务等综合架构，在以其实为孪生和交通 OS 的核心数字底座上，形成了一套正向迭代的长效机制，不但可以快速有效地满足变化着的运输需求，还可以在完成全感知、强计算、慧决策、泛触达及氪金化的迭代循环作用下，逐步将AI技术紧锣密鼓地融入数字交通的建设中。

而就感知方面，以公路领域为例，腾讯结合AI和数字孪生技术，构建了一条基于云原生的数字公路，充分利用AI技术，实现了高度自动化、工具化，以及感知设备自动化的战略标定，并将过去较为基础的数字信息重新升级，缔造成了可感知、可计算的数字孪生交通虚拟空间，也就是我们常说的实时孪生。

目前，腾讯采用与东岱大学合作研发的大模型算法，已具备了较快的收敛速度和较高的仿真精度，不断实现了历史回溯、交通预测、调度策略生成评价及应急诱导等多渠道、全方位、全流程的服务，还满足了实时性的各项要求，极大降低了全域资源的消耗，于现实中开展了路况低成本、高加速比的试错。

除此之外，在泛触达方面，针对大众出行的各项需求，腾讯组合运用自身强大的C端服务能力与生态优势，采用手机地图App，智能车载终端，数字孪生App，微信小程序等多元化的运作方式，在为出行者提供信息服务的同时，建立优质导航系统，时刻监测路况，周围车辆，及时发送预警信号，最大限度地满足各类出行者差异化的创新服务。实验证明，该服务明显降低了智慧高速服务的使用门槛，极大扩大了其服务的普及范围，这不但提升了百姓出行的尊享感，还为他们的出行安全加了一重星级保障。

智慧交通系统将人、车、路三者综合性地加以诊断和思考，深入系统本身，一边运用信息技术、数据通信传输技术等高精尖端技术优化交通品质，一边将系列技术有效整合，应用到整个交通运输管理体系之中。这样的新型智能管理模式，彻底完成了人、车、路之间的密切配合，在达成和谐统一的同时，发挥出了系统强大的协同效应，极大提高了交通运输效率，保障了交通安全，不但优化了新时代的交通运输环境，还在提高能源利用效率的同时，以全新的方式定义交通，定义交通在大众心中的数字概念。

59 开车不用手：自动驾驶，路上还能开视频会

想象未来的道路上，AI 智能化无人驾驶会成为家家户户汽车出行的新伴侣，而后随之改变的必将是我们对交通出行的传统概念，它必将改变我们的生活，左右我们的消费，刷新我们的认知和选择。而就商机而言，谁能率先投入，谁能耐得住前行寂寞，谁就必将在未来精准地抢占市场，成为大众视角下，最核心的消费对象。

在 AI 助推的时代，智能交通可以说是现代社会发展的一大必然趋势，而人工智能的快速发展也为智能交通的实现，提供了巨大的商机和挑战。在智能交通中，自动驾驶汽车可以说是一个备受瞩目的焦点，它必将彻底改变我们对交通方式的认知和体验，刷新传统的交通概念和规则，在重构交通体系的同时，也带给了广大用户全新的驾车方式和行为思路。

所谓自动驾驶汽车，其内在核心技术就是 AI，通过对各种传感器数据的学习、运算，最终落实实时感知，便可以更好地对汽车机理和前方路况进行准确的分析、调整和判断。自动驾驶汽车不但能够准确地识别周围的交通情况，还能对相应的驾驶策略作出反应。

其与传统驾驶车辆最大的区别在于，自动化驾驶汽车可以不受人为情绪因素的干扰，可以以更加准确高效的驾驶行为落实交通规则，实现规范驾驶，它不但可以在各种路况间高效驾驶，还能更有效地提高道路行驶的安全性、精准性和合规性。

【案例】

在北京亦庄大街，广州南沙城村，深圳前海写字楼旁，每天都有几百台小马智行的 AI 无人驾驶测试车辆在路间穿行，它们都配备了小马智行提供的 Robotaxi 服务的载体。根据 Renevo Capital 数据，从 2015 年到 2022 年上半年，Robotaxi 在全球市场融资高达 396.2 亿美元，占自动驾驶行业全球总融资规模的 82%。

2022 年上半年后，Robotaxi 在大众生活中的影响还处于润物细无声的状态，直到今年 7 月，百度推出的萝卜快跑才在武汉引发了广泛的关注。截止到 2023 年年底，全国共建设了 17 个国家级测试示范区，7 个车联网先导区，16 个智慧城市与智能网汽车系统发展试点城市，共开放测试专用示范道路 22000 多公里，发放测试牌照 5200 多张，而智能网联汽车如今也累计在道路测试中行走了 8800 万公里。

作为这项浩瀚工程的参与者，小马智行截止到 2024 年 6 月，其移动 App 上注册的用户量就已超过了 22 万人。

2022 年，小马智行的研发投入为 1.54 亿美元，2023 年，这一数字为 1.23 亿美元，而到 2024 年上半年为止，其所投入的数额已达到 5872.5 万美元。如今小马智行创立已有八年，目前尚未盈利，可作为创始人的彭军和楼天城却并不焦虑。更长的盈利周期，可以说是技术平台领域公司的一大特点，但只要跨过了某一节点，整个企业必将进入全面正向发展，完成自我造血，全面提升自身业态领域的核心生产力。

从 2021 年到 2022 年，由于行业受到冲击，小马智行的内部也经历了关于业务取舍方面的讨论和纠结，但最终，他们在企业内部形成了一个共识——Robotaxi 是小马的灵魂，没有 Robotaxi 小马就不再是小马，这个共识最终推动企业成功进行了战略调整，也支持着小马一路走到今天。

围绕 Robotaxi，小马智行当下最核心的目标是投放量达到数千台规模的智能化无人驾驶汽车，而至今为止，全球尚没有如 Robotaxi 这样能达到千台级别的汽车投放量的企业。

当前，自动化驾驶商业，正处于技术深入探索期和商业落地规划期，像小马智行这样深耕场景，加入无人驾驶创新与商业的新型企业，必将掀起行业汽车新浪潮，在后续征程中牢牢占据行业领先地位，它将推动行业持续发展，优化汽车行业变革，引领交通新概念，成为自动驾驶领域的主流风向标。

60 管家在身边：手机喊一声，AI订外卖、叫保洁

AI 虚拟个人助理，不仅在开车的时候陪你说说话，还会收录你所有的信息，给予你如老友般贴心的陪伴。很难想象，当智能技术达到超精尖端水平时，这种富有商业色彩的智能陪伴，将会带给人类怎样的体验？

随着人工智能技术的进一步发展，AI 虚拟人在各行业领域中的应用，已不再是什么稀罕事，AI 虚拟人作为 AI 技术驱动下的虚拟人物角色，正逐渐成为各个行业的新风口。AI 虚拟人不仅实现了外观拟人化、内在智能化，还可以根据不同的场景和需求，为用户提供个性化、人格化、情感化的服务需求。而它在新能源汽车领域方面的施展，也同样展现出了巨大的潜力和价值。

作为汽车产业的大势所趋，新能源汽车近几年受到了社会和广大消费者的普遍关注，一般的新能源汽车都已具备最新的智能汽车技术，完成了自动驾驶、智能驾舱、车联网、智能交通等多领域的功能蜕变。智能化的新能源汽车，不仅满足了驾驶安全、效率和舒适感方面的用户需求，还可以在实现与用户、路况、环境等多方面智能互动的同时，让 AI 虚拟人成为与用户互动沟

通的重要角色。

作为虚拟助理，AI 虚拟人可以通过语音、图像、触摸等多元化的方式与用户完成互动、交流和对话，不但为用户提供导航、娱乐、信息、教育等服务，还能结合用户的个人喜好、习惯，为其定制、私人化、个性化的服务内容，它可以调整自身形象、语音、内容，在赢得用户亲近感、信任感的同时，渐渐将形象深入用户心中，成为其生活中无可替代的角色。

【案例】

2024 年 3 月 25 日，作为业内首个汽车 AI 技术大会，极越特意在北京举办了 AIDAY 2024 的专场展示。在展示会上，极越 CEO 夏一平，发布了 OTA V1.4.0 的新版软件，带来了极越特有的 200+ 功能的新增和迭代，让用户设身处地感受到了 AI 技术赋能之下，汽车机器人给自己带来了贴心感和科技感。

在 OTA 技术领域之中，极越 V1.4.0 版本可以说是极越 01 在 90 天内连续推出的第三次，上市后的第五 OTA，3 个月内共有 600 余个功能项目完成了升级迭代，其速度之快，连同行都大为惊叹。

SIMO 与大模型之间的双向融合，人机交互系统运作间，更叠加了一份接近人与人互动沟通般的自然感、清新感和畅快感。SIMO 不但能听懂用户在说什么，还具备了对内容进行理解和归纳的双重能力。

在多媒体娱乐功能方面，无线投屏功能，不但能够支持用户在同一局域网络内的互动沟通，还可以将手机等智能设备进行镜像投屏，直接连接车机端进行播放，车机将适配摆动网盘 App，用户就能随时随地查看播放网盘中的音频文件。

此外，基于大模型的人车生态、OCC 3D 地图彩蛋、用户问题优化等一系列功能的系统升级，用户拥有的不再仅仅是一台概念中的车，更像一位贴心常伴左右的老友，随时给予你无微不至的照顾和关怀。

当极越汽车机器人这一新型理念展现在世人面前，它在消费者心中的角色也在无限延展，它在以非凡的蜕变，急速化身智能机车伴侣应有的模样，基于百度 AI 技术的强大赋能，智能化配置的快速更新迭代，相信这种模式在未来必将以全新的姿态抢占市场，而极越作为引领汽车机器人时代的先行者，必将以它特有的方式，开启汽车时代智能化运作的新纪元。

AI 虚拟人作为新兴人工智能技术应用的全新模式体现，正在不断地为新能源汽车领域输送新鲜血液，也为整个汽车产业带来了无限的机遇和挑战。随着智能技术的革新与发展，其所涉及的领域将不断扩大，AI 虚拟人必将在汽车领域扮演着更加重要的角色，成为引领汽车全新概念的新标配、新亮点。它崛起于现在，发展于未来，其所迭代的功能应用，必将刷新我们对汽车的认知，为广大汽车消费者带来非同一般的新服务体验。

61 健康预警：AI比体检还早发现身体问题

随着全国群体范围扩大，老龄化社会来临，越来越多的人将关注点集中在了智能医疗板块。以最低的成本，获得最好的医疗服务，将成为后续 AI 医疗产业的核心发展趋势。

对于人类健康的永恒话题来说，在 AI 医疗领域，AIDoctor 也一路从曾经的新颖概念，一步步地落入现实建设。很多 AI 医疗领域的系统建设，都已将“AI+ 医疗”概念玩儿得出神入化，从私人医生到互联网医院，从一分钟诊所到药店云建设，诸多新兴智能设备的亮相，引发大众强烈关注，它向世界描绘出了一个高品质、高品位的医疗健康服务体系，作为全新样本，这一系统在 AI 智能的助力推动下，必将以全新的方式改变医疗，改变健康，改变我们每一个人的生活。

【案例】

2025年2月3日，北京协和医院宣布其自主研发的AI辅助诊断系统完成了最新一轮的严格测试。如今系统已可以对多种疾病的病理进行精确诊断，诊断正确率已高达95%，这样的优秀成绩，已经远超于人类医生的平均水平。这一重大突破，瞬间引发了整个医疗界的广泛关注。

到目前为止，这个AI新医疗系统到底有多强大呢？

（1）抢救及时。凌晨三点，王阿姨，突然被胸口的一阵剧痛惊醒。她连忙摸索床头的智能手环，表盘便瞬间亮起红色警示灯。“哎呀，心电图显示的是异常波形。”王阿姨事后回忆道：“好在当时自己意识还算清醒，刚要按下紧急呼叫键，却发现社区医院的AI系统，在快速分析数据以后，早已经快我好几步地向医院发放了急救指令，不到五分钟的时间，救护车就已经开到我们家。医护人员快速用AI诊断仪为我进行了检查，并在车载CT的颠簸中完成了我的冠状动脉三维成像。后来医生告诉我，AI系统整整提前了30分钟的预警，足足让我的抢救时间缩短了40%……”若不是亲眼所见，你肯定会觉得，这一定是场科幻电影，但这可不是科幻，而是彰显在我们日常生活中的医疗变革。

（2）健康管理。如今的AI健康管家，正在以其特有的效率方式颠覆传统的“生病—挂号—治疗”模式，随着穿戴设备24小时监测，我们随时都可以知晓自己的血压血糖，睡眠质量等一系列的健康状况。基因监测AI解读，能让受益大众群体深入了解自己的癌症易感基因，从而提前制定出符合自身需求的个性化筛查方案。

（3）治疗进化。癌症老病号老刘的用药方案，这次不是来自医生，而是来自AI智能系统对十万份相关病理的学习，系统不仅计算出他对各类药物的敏感性，还综合了他的肠道菌群数据和买药成本预算。这种数字孪生技术，让他的化疗副作用减轻了60%。

北京协和医院研发的AI辅助诊断系统，结合海量医学数据和深度学习算法，不但能快速地分析出患者的综合症状，还能在提取其病历、检查结果信息的同时，为患者作出精准的诊断康复建议。其系统在临床验证中的巨大优势，越来越受到患者的青睐，在节省患者诊疗时间的同时，也进一步缓解了医生的压力，它在以全新的方式重塑患者与医院之间的互动关系，以全新的陪护方式关爱着我们每一个人的健康。

随着技术的不断进步，AI 辅助诊断系统，未来有望全面扮演“家庭医生”的角色，患者只需要准确描述自身症状，便可以通过系统运作完成对自己病情的初步诊断，同时获取一份详尽的就医建议和疾病康复理疗方案。这在降低看病投入成本的同时，极大地满足了广大就诊群众的需求，也有效地提高了整体医疗服务的综合效率。

第十章
玩花样：AI让生活“潮到爆”

62 做饭零失败：AI菜谱连火候都帮你控制

AI 引领健康饮食革新啦！借助先进的 AI 技术，创建一份智能食谱，不再是难题。

想象一下，如果在你身边有这样一台机器，能够让你通过简单的三个步骤就能做一顿美食，是不是很惬意？

首先，将新鲜的蔬菜清洗干净，放好调味料；

其次，放进去直接识别食材，并根据食材提供烹饪方案；

最后，等待 3~5 分钟后，就能享用各种美食了。

如果确实能这样做饭，是不是就省了很多时间？是不是就能享受更多的美食？

不要觉得这是幻想，依靠人工智能，这一切将来完全能够实现。

基于 AI 的食谱可视化工具，能将文本描述的菜谱转换为精美的烹饪书，无须任何设计经验；通过 AI 生成匹配的美食摄影、智能排版布局和多种风格选择，食谱就能呈现得更直观、更专业。

在内容创作方面，AI 具备超强的实力。只需输入关键词或主题，仅用短短的 1 分钟，就能生成高质量、充满原创性的内容。对于整天跟厨房打交道的我们来说，只用几分钟，就能打造出爆款美味。此外，AI 还能对个人饮食习惯进行跟踪和分析，不管是身体状况，还是口味偏好，它都了如指掌，并能据此提供专属的定制化饮食建议，妥妥地引领健康饮食的新潮流。

在这里，科技不再高冷，美食也不只是味蕾的享受，两者碰撞出了绚丽的火花，开启了美食界的全新篇章。简单来说，它就像一个美食界的“超级大脑”，借助 AI 强大的运算、分析和创意生成能力，能够挖掘出食材间未被发现的奇妙组合，探索出前所未有的烹饪方式，带来一场又一场的美食盛宴。

AI 会深度学习海量菜谱，挖掘不同食材、烹饪方法间的潜在联系，根据用户的饮食偏好、健康需求（如减肥、增肌、素食等），快速生成专属菜谱。如果你喜欢酸甜口味，又想控制热量摄入，AI 就能从数据库里筛选出符合条件的食材，设计出低卡又美味的糖醋鸡胸肉菜谱，还会贴心给出各种小技巧，比如怎么让鸡胸肉变得更嫩滑？怎么调配糖醋汁更美味？

【案例】

2024 年 11 月，方太发布高端全场景厨电睿隐系列，推出了行业首个健康烹饪大模型 Healthy CookingGPT，将厨房带进了 AI 时代。

Healthy Cooking GPT 是全球首个 AI 健康烹饪系统，也是首个在厨房这一空间里落地应用的膳食大模型。

首先，聚焦于健康的需求。它能根据个人的身体状况、能量消耗、口味喜好等，提供精细化的健康膳食计划。

除了普适人群，针对孕期等健康需求更强、营养指标要求更严的特殊人群，Healthy Cooking GPT 也能轻松驾驭。用户只要输入年龄、身高、体重、劳动强度、口味偏好、过敏食物及孕期数据，就能成功建档，并提供孕期全周期的膳食规划。随着孕妇的体重增长变化，还能动态调整膳食计划。

其次，软硬件融合，直接上手使用。Healthy Cooking GPT 突破了软硬件的限制，第一次在各种厨电设备之间进行协同调动。其搭载在方太高端全场景厨电睿隐系列产品上，包括如集成烹饪中心、冰箱等设备都有智能屏，用户只要说一句“你好，方太”，设备便可以被唤醒。除了回答一些日常问题，还能理解用户精细化健康场景需求，如健身减脂、补气血等，通过大模型 Agent 联动冰箱生成菜谱推荐，并流转至烹饪设备一键烹饪。

最后，它不仅会说，还会做。它搭载了 Uchef2.0 智动烹饪系统 +AI 智慧眼。前者主要由智能烹饪锅、搅拌模块、加热控温模块、内置式称重模块、核心动力模块等组成。在设备选定菜谱后，数据就会流转到燃气灶上，显示出你需要的配菜和烹饪步骤。你只要将食材和调料倒入，烹饪锅就会自动开始称重。

无论是美食博主、专业厨师，还是家庭烹饪爱好者，都可以利用人工智能工具轻松创建和整理自己的菜谱，提高美食的视觉吸引力和传播效率。

那在生活中，该如何利用 AI 制作生活中常见的菜肴呢？①直接询问 ChatGPT（一款聊天机器人）想要制作的菜名，生成菜谱。②询问想要使用的特定食材的可制作方法，或地方的代表性美食菜谱，抑或特定需求的低脂、无糖、清真美食该如何制作……只需清晰提出要求，便可直出菜谱。

如果你灵机一动想尝试创意菜，也很简单，可以这样做：①使用特定的几种不常见或很少组合的食材生成菜谱。②用一个菜系的做法去做另一个菜系的菜。

63 衣服不撞衫：AI量体裁衣，独此一件

有了人工智能，我们再也不用频繁地到店量体、制版啦！只要打开手机，就能进行智能量体、制版，随时进行选款定制，让每一件服装定制都能像点外卖一样简单，感受智能定制的全新方式！

随着 AI 技术的成熟和应用场景的不断拓展，消费者的购买体验被彻底重新定义，个性化定制服装不再是奢侈品，而是成为更多人可以选择的日常消费品。

AI 在设计领域的颠覆，不仅体现在效率的提高，更在于它重构了“人机协作”的边界。在这里，AI 不再是冰冷的工具，而是设计师的“灵感合伙人”，能够将天马行空的创意快速转化为商业价值。

【案例 1】知服科技的 AI 量体裁衣

在知服科技的 24 小时无人数字定制服装店内，只要在镜头前拍摄 3 张照片，就能通过 AI 量体技术，精准测量人体 138 个部位尺寸，同时通过面部形象数字技术，读取面部直曲、量感、动静、冷暖等颜值数据。上传数据后，智能工厂综合这些数据，就能在 3 分钟内生成人体数据，1 分钟就能实现数字化服装定制，最快 7 个工作日就能拿到全新的 AI 定制服装。

当“80 后”“90 后”逐渐成为消费市场的主流人群，人们对个人形象越来越重视，对于品牌的个性化、差异化取向也越来越明显，而这种转变给服装定制带来了广阔的市场空间。同时，随着计算机视觉技术的提升，AI 定制服装的定制精度大大提升，个人定制的成本和时间也相应降低，AI 技术已经能根据不同体型和个性化需求，为个人消费者批量定制服装。

【案例 2】万事利集团的 AIGC 系统令人惊叹

这一自主研发的 AIGC 设计大模型，拥有超过 50 万花型数据库和 300 多种图像算法，能够为全球 80 亿人每人设计 10 万条丝巾且不重样，让每位消费者都成为“丝巾艺术家”。

借助万事利 GBART 数字化绿色印染一体机，用户在小程序上完成丝巾设计后，可以立即进入定制化生产流程，最快只需 24 个小时就能收到这条专属丝巾。相比之下，传统印染则需要 500 米起订，工期至少 15 天。

通过以需定产，服装品牌就能及时发布修正款式数据，最重要的是无须备货，实现一件“智造”。消费者喜欢哪款，就生产哪个款式，无须担心款式好卖与否，少了先设计款式生产备货带来的资金压力。至于面料备货，可以设计不同款式，不像成衣难以二次利用。

服装定制是产业基于数字技术制造范畴的改变，也是企业基于消费变革和商业模式的改变，企业只要聚焦消费变革，以消费者为中心，抓住技术进步，加快数字化转型，就能持续不断创新，不断提升创造力。

64 健忘症救星：AI帮你记密码、找钥匙

在快节奏的世界里，每一份礼物都承载着深情与温度，精心打造的 AI 记忆吊坠，不仅是一件装饰品，更是情感的使者，成为日常中的一抹亮色，连接彼此的心灵！

吊坠，也能有记忆？真是玄幻啊！

随着科技的飞速发展，智能可穿戴设备正以其独特的魅力，悄然改变着我们的生活方式。

【案例】可穿戴的记忆吊坠

2024 年 9 月 Rewind 公司推出了一款名为 Limitless 的可穿戴 AI 设备，这款创新的设备不仅设计精美，而且功能强大。该设备的核心功能是全天候记录对话内容，并具备记忆功能，让用户能够随时进行个性化 AI 互动，被誉为“世界上最小巧的可穿戴 AI 设备”。

Limitless 的佩戴方式灵活多样，既可以作为时尚的项链佩戴在颈部，也可以通过其磁性扣子轻松地附着在衣物上，随时随地提供服务。它具备全天候的对话记录功能，能够详细捕捉您与他人的每一次交流，并借助其卓越的记忆功能，将这些信息存储起来，以便回顾。

Limitless 系列包含两款产品，每款都有其独特的应用场景。

（1）Limitless Meetings。这是一款专为会议设计的强大辅助工具，能够自动完成会议的准备工作，实时记录会议内容，并在会后生成详尽的笔记总结，无须手动操作，支持多种会议工具，如 Zoom、Slack、Meet 等。该应用程序使用系统音频和麦克风进行录音，只需一键点击，就能立刻准时加入并录制会议。它可在任何设备上使用，包括手机或 PC。其核心工作围绕会议展开，可以为用户准备会议、记录会议内容、提供实时会议记录和会议纪要；可以从计算机的麦克风和扬声器捕获音频，可以访问用户的电子邮件和日历。

（2）Limitless Pendant。该吊坠是一种可穿戴 AI 设备，具备 Wi-Fi 和蓝牙功能，拥有长达 100 小时的电池续航能力，能够记录整日的对话和个人见解。它可以收集云端和现实世界中的数据，记录日常会议、即兴对话等，并通过配套的 App 回放。用户可以通过轻触吊坠来标记对话中的重要时刻，便于后续查找。通过长按设备，用户可以随时与个性化 AI 进行互动，获取所需信息或帮助。

此外，该吊坠还具有“同意模式”，可以检测新的声音。用户记录的所有内容都会上传到 Limitless，与其他数据混合在一起，并通过 App 提供。

时尚与科技交融，可穿戴设备可以为你记录生活的每一秒，实时监测、数据追踪，帮你捕捉那些珍贵的瞬间。它不仅是时间的见证者，更是你生活中的忠实记录者；不仅是时尚的代表，更是科技与生活完美结合的象征。

通过精确的数据监测和智能的反馈，这个小巧的设备正成为我们日常生活中的得力助手，引领我们迈向更加健康、便捷的新纪元。

65 陪聊机器人：让老年人不孤单，还能教广场舞

独居老人缺乏陪伴和关爱，精神上面临着空虚和迷惘，生理上的正常需求也常常被社会忽视。作为一种新兴的科技产品，AI 安慰娃娃正是独居老人的“灵魂伴侣”。

《中国老龄发展报告 2024——中国老年人心理健康状况》蓝皮书显示，我国 23.76% 的老年人有不同程度的孤独感受，有 26.4% 的老年人存在不同程度的抑郁症状。同时，由于认知误区、老年人的心理屏障、社会支持不足、医疗体系的局限等原因，使老年人心理健康问题很容易被忽视，多数老年人的心理健康需求得不到有效满足。

为了解决老年人心理健康问题，近年来，社会各界已尝试通过增设老年心理咨询热线、举办社区心理健康讲座、开发心理健康 App 等多种方式。然而，现实反馈却不尽如人意。一方面，传统服务方式受限于地域、时间、老年人的病耻感等因素，覆盖面有限；另一方面，现有的数字化产品未能充分考虑老年人的使用习惯与认知特点，界面复杂、操作不便，使用率低，且缺乏情感温度，效果大打折扣。

伴随着 AI 技术的发展，国内外各类针对老年用户群体的 AI 陪伴机器人产品应运而生，很好地解决了上述问题。

首先，AI 安慰娃娃通过大语言模型支持自然对话，具备多种可切换性格（如温柔、知性），能模拟情感互动，缓解老年人的孤独感。跟真人相比，AI 安慰娃娃没脾气，不生气、不吵架，单向的包容和永远的服从，能给老年人

提供良好的情绪价值。

其次，对于社交能力受限或行动不便的老年人，AI 安慰娃娃能即时响应并耐心倾听。心理治疗领域已证明：“非人类”实体的中立性，可降低倾诉障碍。

最后，AI 安慰娃娃产品可以集成传感器技术和健康管理功能模块，监测体温、心率，为老年人提供用药提醒、健康建议，提供紧急呼叫等安全保障。在生理需求方面，还能模拟真实的互动体验，让老年人在合理合法的范围内，释放内心的需求，维护自身的生理和心理健康。

【案例 1】AI 安慰娃娃 Hyodol

为了解决老年人日益孤独的问题，2024 年 2 月韩国 AI 公司 Hyodol 推出了一款专门为老年人服务的 AI 安慰娃娃 Hyodol。基于大语言大模型，Hyodol 拥有对话聊天、触摸交互等功能，还能提醒使用者用药、监测健康。只要有人抚摩它，它就会发出“爷爷，抱抱我……”或“把我抱得更紧一些”等声音。

【案例 2】机器人 NAO

对于有认知障碍的老年人来说，缺乏与人交流很容易使病情恶化，一款名为 NAO 的机器人被用于德国和荷兰的养老院中，陪老年人聊天，现在在日本也已经被应用。

NAO 身高 58 厘米，体重 5.4 公斤，拥有 25 个自由度智能双足机器人，全身配备 100 多个传感器，可以模仿人类做各种动作跳各种舞蹈，配备的双目视觉系统可以做人脸追踪和物体识别。该仿人机器人进入家庭后，可以陪老年人说话，可以识别老年人叫他们的名字，它还可以陪老年人下棋、打太极。

如今，独居老人的数量逐年递增，对情感陪伴产品的需求增加，老年人也渴望得到情感上的关怀和陪伴。AI 安慰娃娃的出现，为退休老人的孤独生活带来了一抹温暖的色彩。AI 安慰机器人可以作为他们的陪伴者，提供情感交流和生活辅助。

简言之，AI 陪伴机器人未来在解决我国老年群体孤独感的问题上大有可为。

66 阳台变森林：AI喂鸟器吸引稀有鸟类

AI 智能喂鸟机增加了网络摄像头的智能喂鸟器，可以将实时画面上传到网络，用户完全可以通过手机 App 近距离查看鸟类状态，满足喂鸟和观鸟的需求，极大地提升观鸟体验。功能价值超级棒！

想想看，你喜欢看鸟吗？

很多人可能都听说过野生动物摄影，要想拍摄到野生动物最有趣的一瞬间，摄影师往往需要很高的技巧。其中最难的要数野生鸟类摄影了，因为鸟类随时随地都会飞走。所以，尽管观察鸟类的人很多，但很多人并不具备近距离观察各种鸟类的条件。AI 智能喂鸟机的出现，更好地解决了这个问题。

【案例】Bird Buddy 的智能喂鸟器

Bird Buddy 是一家斯洛文尼亚公司，核心产品是智能喂鸟器，曾创造过仅一天时间就众筹了超过 160 万美元的纪录。

Bird Buddy 将智能鸟类喂食器安装在各地的鸟类常见区域，并带有高清摄像头，当鸟类前来觅食时，摄像头就会把这些鸟类生动的画面实时记录下来。只要下载该公司的 App，你就可以看到小鸟觅食的画面。因为鸟类有领地意识，同一只鸟会经常出现在同一个镜头中，对用户来说就像是养了一只宠物。

爱鸟人士通过手机 App，就能随时查看自家后院的“小鸟访客”，甚至还能为它们起名字。该设备搭载了图像识别技术，可以识别超过1000种鸟类，覆盖了常见的鸟类品种；同时，内置的麦克风在鸟类经过时，通过声音就能开始捕捉影像，尽可能收集鸟类的全方面信息。

为了让新手了解不同鸟类不同的喂食方式，App还提供了很多新手教程，并且产品还配备了可拆卸和可升级的模块，用户可以更快捷地补充鸟类饲料。

除了基础功能，Bird Buddy还推出了订阅服务，主要为客户提供自然智能、给鸟命名等AI服务。只要购买了这些订阅服务，用户就能通过喂食器上的摄像头追踪特定某只鸟，并了解它的健康状况。

目前，该公司已拥有约10万名活跃的Bird Buddy用户。他们使用智能喂食器和人工智能驱动的移动应用程序，可以更加深入地了解当地的鸟群。

随着人们对小众宠物的关注度逐年上升，越来越多的人开始选择小宠物。其中以鸟类为代表的异宠，饲养率正在持续增长，这在无形中推动鸟类市场发展，包括与鸟相关的产品及服务。

在鸟类观察上，不同于猫、狗足够方便记录，鸟类谨慎的天性使人们需要使用长焦镜头或高倍望远镜进行观察，费用不低且体验不佳，这让具有可视化功能的智能喂鸟器有了充分的市场空间。

在现实中，很多人都对野生鸟类尤为痴迷，喂食器产品很受欢迎，尤其是一些可视化的喂鸟器。越来越多的人搬到城市郊区，许多人希望把鸟吸引到家中庭院，尤其是老年人待在家里的时间越来越多，后院或社区观鸟已成为一种流行的消遣，这样就推动了鸟饲料、喂鸟器、鸟舍/笼和其他鸟类相关产品的需求增加。

67 魔镜会算命：照一照就知道你今天心情

人工智能可以增强智能镜的交互性，使用自然语言处理技术，用户可以直接通过语音与智能镜互动，而利用 AI 情绪识别技术，镜子就能通过分析用户表情与行为，主动为用户推荐音乐、灯光场景甚至健身计划，进一步拉近与用户的情感联结。

试想以下场景：

当你坐到梳妆台前，智能魔镜会根据你的衣服，推荐你的妆容、耳饰、首饰等（已有的物品会存入智能体的数据库）；会根据你的素颜，给你推荐妆容。

智能魔镜会根据你今天要出席的场合，推荐你今天的穿搭装扮，并直观展现在镜子屏幕上；你会看到自己脸部的情绪波动，因为你的喜悦而喜悦；

智能魔镜给你自信，给你下决心的理由和勇气；

智能魔镜是你的闺密，它会记住你的喜怒哀乐；

……

爱美之心，人皆有之，如果我们把“镜子”定义为让自己变得更好的镜子，智能魔镜就能让你看见更好的自己。

【案例】全球首款 MICRO LED 智能美容镜

2025 年 1 月，美国国际消费类电子展（International Consumer Electronics Show，CES）举行了为期两天的揭幕展（CES Unveiled），三星和爱茉莉太平洋强强联手，凭借全球首款 MICRO LED 智能美容镜（MICRO LED Beauty

Mirror）获得了美容和个人护理类的“优秀创新奖”。这款21英寸的移动镜子，采用特别的微纳米铝镜面结构，反射率超过80%，透光率也有90%，同时结合了传统镜子和智能显示屏的功能。

官方数据显示，这面镜子运用了全新的材料结构，例如铝和铌微图案结构，能够达到逼真的显示效果。通过大模型技术，能分析照镜人的肤质，提供一些关于皮肤健康管理的建议。三星表示，这款面板可提供超过80%的反射率和大于90%的透射率。

MICRO LED Beauty Mirror能够在镜面上显示相应的内容，当初启动时，熟悉的Galaxy AIlogo会随即点亮，随后便能开始扫描你的面部，给出建议。“爱茉莉”会提供肤质、妆容分析数据，再结合Galaxy AI大模型，为用户带来更专业的分析。目前，MICRO LED Beauty Mirror能够做到实时分析用户的皮肤状态，推荐适合的产品。比如，用户是易敏肤质，Galaxy AI就会给他推荐相对温和、减少刺激的面霜产品。

除最核心的皮肤问题分析外，这面镜子还能提供实时的天气显示和一些其他智能化建议。它能根据你的时间安排推荐妆容，并分析你的皮肤状况；它会实时检查毛孔、皱纹、肤色等问题，并智能推荐兰芝、悦诗风吟等品牌的护肤品，开启个性化智能护肤的新纪元。

CES 2025展示的技术，解决了传统护肤定制难题。它们能通过AI技术快速分析皮肤状况，提供高度个性化的护肤建议，消费者不再需要盲目尝试，减少时间和金钱的浪费。通过量身定制的产品和方案，每个人都能找到最适合自己皮肤的护肤方式。

每个人的皮肤都是独特的，你是油脂皮肤但是对A醇敏感；她是干燥皮肤且对苯氧乙醇不耐受；我是正常皮肤但是对EDTA2Na敏感。该如何购买护肤品？很多朋友的方法是海选，盲测（盲目测试），听这个明星代言的精华不错买回来试试，好像不适合我的皮肤，停掉；听那个网红推荐的面霜不错，买来试试，这样难免会走很多弯路。

其实，个人定制护肤品是一个不错的解决方法，能满足每个人的需求。

首先，获得精准的需求。定制之前，要充分了解每个消费者的皮肤状况和护肤需要。如同去医院看病，医生会问你的过往病史、用药情况、现在的症状，然后才会判断病人大概是什么情况。但买护肤品不能去医院挂个号吧，那太夸张了，且也不现实，因为购买护肤品的消费者比病人多了成千上万倍，没有那么多的医生或专家。

其次，全方位的皮肤检测技术。同样以去医院看病为例，医生不仅会与你交谈了解病情，还会让你去做一堆检测，才敢对症下药。而消费者购买化妆品之前，即使去了专柜，问了专业的护肤专家，他们也只会做个初步评价，比如，你是油皮或干皮，易晒黑或不易晒黑，很难有再进一步的测试。

可是，它也有自己的劣势，比如需要支付高昂的开发成本、法规风险等；在选择传统护肤品的过程中，消费者往往需要经历无数次试错，耗费大量金钱。而 2015 年 1 月的 CES 展上的一些美容科技产品，让人们距离定制化妆品又近了一步。这些美容科技产品整合了 AI 和生物分析技术，消费者能在家中通过 App 或智能设备进行测试，快速获得科学的推荐，大大降低因使用不适合的护肤品而导致的浪费和可能的皮肤损伤。

68 鞋能计步数：智能鞋提醒你坐久了要动

通过科技的力量，赋予双脚全新的能力，在日常出行中，我们也能体验到一种类似“飞行”的自由与速度感。

你穿过世界上最快的鞋子吗？

你知道“脚踩风火轮”是什么滋味吗？

在儿时的幻想中，很多人都遥想过，有朝一日自己能脚蹬飞速旋转的风火轮，肆意驰骋于天地之间，心中满是对自由与速度的渴望。

在现实的世界里，美国瞬动科技公司 Shift Robotics 正以一种独特的方式，将这种看似荒诞的幻想逐渐拉进我们的生活之中。它不是神话中的法宝，却试图通过科技的力量，赋予我们的双脚全新的能力，让我们在日常的出行轨迹上，感受到一种别样的“飞行”体验。

【案例】穿上 Moonwalkers，能像慢跑一样轻松

2024年年初，Shift Robotics旗下产品Moonwalkers在TikTok上爆火，如今，视频播放总量已接近10亿人次。

2011年张恂杰以First Class的成绩从英国布里斯托大学机械工程系取得硕士学位，随后入职于劳斯莱斯，近4年的工作经历，让他在软件开发、工程设计和制造上积累了实操经验，2015年前往卡内基梅隆大学机器人学院进行深造。在深造过程中，他结识了一群志同道合的伙伴，也为开发设计Moonwalkers打下基础。

张恂杰创立了Shift Robotics，而Moonwalkers的创意始于他的一次意外经历。那天，他骑着滑板车去1英里外的地方上班，差点被车撞到。张恂杰觉得，步行不仅更安全也更便捷，但太慢了，会阻止人们上班的意愿，而直排轮滑鞋、滑板或自行车等能提高个人移动能力，但这些都需要学习过程，且存在安全隐患。

张恂杰决定致力于提升步行体验。让人们能够毫不费力地以跑步的速度行走。

张恂杰与一群才华横溢的赛车工程师、机器人专家和运动鞋设计师携手合作，将电动汽车的技术融入鞋的外形之中，筹集了近33万美元，制造出了首批Moonwalkers。穿着它，就能像慢跑一样轻松，比滑板车更安全，解决了“最后一公里”的问题。该产品适配任何类型鞋子，包括通勤穿的日常鞋，无论是爬坡还是走小路均可。

在外观造型上，它在保留鞋类基本轮廓的同时，融入了现代科技元素，与溜冰鞋有一定相似性但更具科技感。流畅的线条与精致的构造，使其整体呈现出时尚、前卫的视觉效果，不仅实用，还颇具观赏性。

在功能上，它内置了智能 Shiftai 软件，这是该产品的核心亮点之一。这款软件通过内置的多种传感器，能够精准地感知用户的行走状态，包括步幅、步频、蹬地力度以及行走方向等信息，并据此进行智能分析和决策。

Moonwalkers 还预设了室内、城市、运动等多种模式，用户可以根据所处的环境和自身的需求，通过手机应用程序或者鞋子上的便捷操作按钮轻松切换模式。

智能鞋子的爆火，是新颖的产品理念与精细化的品牌营销共同作用的结果。在当前消费者对科技产品的接受度越来越高，且对出行效率和个性化体验有强烈需求的背景下，这种创新性能够吸引科技爱好者、追求时尚便捷生活的年轻群体以及城市通勤者等目标客户的关注，从而在市场中迅速打开知名度，占据一定的市场份额。

智能鞋子精准定位在短距离出行和特定场景的助力需求上，与传统的交通工具如自行车、电动车以及其他代步工具形成了差异化竞争。例如，在一些大型园区、校园、商业步行街等区域，能够轻松穿梭，避免了传统交通工具的停放不便等问题，满足了用户在这些场景下快速、灵活出行的需求，为其在细分市场中赢得了竞争优势。

随着 AI 技术逐渐融入日常生活，全球智能穿戴市场预计将在未来几年迎来强劲增长。智能鞋子作为其中的重要组成部分，必将受到越来越多的关注与青睐。

如今，智能穿戴设备已经逐渐发展为现代生活的必备工具，并在细分赛道衍生出更多产品，无论是在健康监测、运动追踪，还是智能互联和个人数据管理方面，智能穿戴设备的应用场景和市场潜力都在不断扩展。全球智能穿戴市场正迎来快速增长期，市场规模预计将在 2034 年达到 4317.4 亿美元，预测期内年复合增长率为 19.59%。

第十一章
找乐子：AI让你“玩出新高度”

69 人人当歌手：AI写歌，五音不全也能出专辑

音乐创作，尤其是完整歌曲的生成，一直是人工智能领域的一大挑战。Deep Seek 的爆火，让音乐创作变得不再难。现在，AI 音乐破局时刻到了！

AI 技术的进步让音乐创作变得前所未有的简单。但市面工具鱼目混珠，如何选择？这里给大家介绍几款主流工具。

（1）Suno AI。它是一款基于人工智能的音乐创作工具，能帮助你轻松创作出优美的旋律，让你在歌唱时，不再为五音不全而烦恼。主要优势在于：①核心功能。只要输入文本，就能生成带人声的完整歌曲，支持流行、电子、摇滚等多种风格，Meta 团队技术背书。②突破性。首个实现“歌词 + 演唱”全流程自动化的工具，生成效果接近广播级品质。

（2）网易天音。2024 年网易天音推出了 AI 音乐，不仅能够生成歌词和音乐，还具有一个强大的功能——微调。主要优势体现在：①本土优势。深度接入国产 DeepSeek-R1 大模型，支持中文歌词生成与专业音乐解析。②黑科技。声音克隆技术可定制播客音色，一键生成带专业解析的播客脚本。

（3）AIVA。在 AI 音乐创作领域，AIVA 是一个特别强大的工具，能够生成逼真的音乐作品。主要优势在于：①专业认证。全球首个获法国作曲家协会认证的 AI 工具，擅长交响乐、游戏原声。②数据底蕴。学习 3 万首古典名曲，可模仿莫扎特 / 贝多芬风格。

（4）Mubert。Mubert 是一个创新的人工智能驱动的免版税音乐生态系统，为内容创作者、品牌和开发者设计，是一个可生成 AI 音乐的平台。用户可以放心使用 Mubert 生成的音乐，无须担心版权侵权问题。同时，Mubert 还为音乐创作者提供了机会，让他们的作品被广泛应用于各种内容和品牌中，获得更多的曝光机会。

（5）Beatoven.AI。Beatoven.AI 是一家创新的 AI 音乐创作公司，核心产品是基于深度学习的作曲机器人 Beatoven。用户只需输入一些基本指令，Beatoven 就可以自动谱写出原创的短篇音乐作品，支持多种风格，自动分析音乐作品中的和声、旋律、节奏等要素，给出专业的乐理分析。

（6）Udio。Udio 是由前谷歌 DeepMind 的领衔 AI 研究员和工程师创立的一款音乐生成 AI。文本描述生成音乐，被誉为“音乐版 ChatGPT”。前谷歌 DeepMind 团队开发，支持 50+ 乐器组合。

（7）YuE 量化版。YuE 是一个开创性的开源基础模型系列，专为音乐生成而设计，可以将歌词转化为完整的歌曲。该模型能够生成一首完整的歌曲，持续数分钟，包括引人入胜的主唱和配套的伴奏，确保结果的精致和连贯；同时，还能模拟多种音乐流派和演唱风格。

（8）Soundraw。Soundraw 利用先进的 AI 技术，可根据用户的输入生成个性化的音乐。用户只需选择风格、情感和时长，AI 便能自动生成符合这些条件的音轨，极大地提高了音乐创作的效率，帮助用户轻松实现灵感的转化。

Soundraw 的音乐库涵盖多种风格，包括电子、古典、摇滚等，用户可以根据项目需求选择最合适的音乐。

【案例】音乐创作的利器——Suno V3

2024 年 8 月 Suno AI 推出首款可制作“广播级”音乐的生成模型 V3，在网上引发了广泛关注和讨论。使用 V3，只需几秒钟就能生成一首长达两分钟的完整歌曲，极大地缩短了创作时间。

为了进一步激发人们的创作灵感，Suno V3 还新增了多种音乐风格和流派选择，包括古典音乐、爵士乐、Hiphop、电子音乐等新潮曲风，每个人都能轻松创作出多样化、高质量的音乐作品。

点击“AI 创作”按钮，进入创作页面，就能开始制作自己想要的生成音乐。在歌曲描述栏里，输入任意提示词，都能生成音乐。提示词的编写，非常简单，只要输入主要描述的关键词，然后点击“创作”，等待一两分钟，曲子就能生成完毕。

如果您对歌词和音乐风格有特别的需求，Suno V3 还提供自定义模式进行创作。首先输入歌词，然后选择喜欢的音乐风格，接着就能为你的歌曲定制一个专属名称，点击创作，即可生成独一无二的音乐作品。

伴随着 V3 版本的推出，Suno AI 还发布了全新的 AI 音乐水印系统。每段由平台生成的音乐都会自动添加一种人声无法识别的水印，不仅能够在未来保护用户在 Suno 平台上的创作，确保作品的原创性和安全性，还能有效打击抄袭和防止 Suno 生成的音乐被滥用。这个强大的水印系统，让用户在享受 AI 音乐创作的同时，也能放心地分享和传播自己的作品。

Suno V3 不仅是音乐创作的利器，更是用户创作权益的守护者。对音乐人来说，当 Suno V3 用 10 分钟生成一首抖音爆款，当混音师用 AI 把外包成本砍掉 80%，当独立音乐人靠 AI 工具月入 8000+，这个行业也在经历一场静默的效率革命。众多音乐创作者没有焦虑于被 AI 取代，而是把工具变成跳板。

70 剪视频像喝水：AI自动加特效、配BGM

在当今的影视创作中，人工智能的广泛应用不仅提高了制作效率，还丰富了创作的可能性，推动了整个行业的创新与发展。作为一种新兴技术，AI 具备的大计算能力和数据处理能力，能够在后期剪辑等多个环节发挥重要作用。

在这个快节奏的时代，视频制作行业也在寻求更高效、更智能的解决方案。AI 电影剪辑工具，不仅提高了剪辑效率，还开启了视频创作的新纪元。

低成本：无须昂贵的设备，只需一台电脑或手机，就能轻松制作。

高产出：AI 可以快速生成大量视频素材，大大缩短制作周期。

易上手：即使没有专业的视频制作经验，也能通过简单的操作，制作出高质量的视频。

AI 电影剪辑工具功能丰富多样，操作简便，容易上手，效果出色，即使是剪辑小白也能轻松驾驭，普通的人也能够制作出短视频。试想：如果你也能轻松剪出上百个短视频，且每个视频都独具魅力、充满新奇创意，这种感觉会不会像中了超级大奖般美妙？不仅如此，随着视频产出数量的大幅增加，收入也会如同芝麻一节节地往上蹿。

【案例】以正在大火的《哪吒之魔童闹海》为例，如果用 AI 电影剪辑工具呢？

第一步 找电影。去豆瓣搜索，看一下豆瓣电影排行榜，选择一个合适的，然后下载下来。

第二步 解说文案。打开 DeepSeek，直接向它输入相对应的指令。然后，DeepSeek 就会直接把镜头画面、解说文案、过渡文案、BGM 等用表格的形式呈现出来，直接定位电影内容即可。

DeepSeek-R1满血版 思考完成

嗯，用户想要关于《哪吒之魔童闹海》的电影解说，我得先看看提供的搜索结果。首先，搜索结果里有很多关于这部电影的深度解析，如主题、角色塑造、剧情结构等。需要把这些信息综合起来，按照用户的要求用角标引用来源，并且不要用“根据搜索结果”这样的词。

用户提到春节档的评分争议，但用户的问题是关于电影解说，所以可能不需要涉及评分部分，除非解说里提到票房或口碑。不过搜索结果里提到《哪吒之魔童闹海》在春节档评分相对可信，并且是票房冠军，这可能要在解说里提到，如市场表现部分。

接下来，需要分析电影的主题和内核。搜索结果里提到反抗精神、家国情怀、人际关系等，这些都是关键点。比如 1 和 2 都提到哪吒的反抗命运，以及“我命由我不由天”的口号，需要引用这些来源。还有角色塑造方面，3 提到哪吒形象的不完美和成长，这可以作为角色分析的部分。

剧情结构方面，搜索结果 4 5 详细描述了从魔童到英雄的转变，分阶段解析，如开端、成长、转折、高潮、结局。这部分可以结构化，用无序列表或分点说明，每个部分引用对应的来源。

视觉效果和制作方面，搜索结果 6 7 提到技术升级和合家欢元素，需要提到这些，并引用来源。比如 7 说叙事广度和技术呈现升级，6 提到票房预期和观众反应。

最后，用户要求引用多个来源，避免重复引用同一个。需要检查每个点是否有不同的角标，如主题部分可能用 1 2，角色用 3 4，剧情结构用 4 5 等。同时，确保每个段落都有引用，不要只在一段里标注。

还要注意现在时间是2025年3月10日，所以可以提到电影是春节档上映，并引用最近的来源，如 4 是3月7日的，可能更相关。另外，用户不要用“根据资料”，所以所有引用都必须用角标，比如在句末加 1 2。

图11-1 DeepSeek-R1满血版思考

《哪吒之魔童闹海》深度电影解说

一、主题内核：反抗精神与人性探索

1. **“我命由我不由天”的现代诠释**

   影片延续了哪吒系列对“反抗命运”的深刻探讨。作为魔丸转世的哪吒，从出生即被贴上“魔童”标签，却在偏见与误解中喊出“若天地不容，我就扭转这乾坤”的宣言，展现了个人对既定规则的反抗 1 2。这种精神不仅是对传统神话的颠覆，更映射了当代人在面对社会偏见时的心理诉求 3。

   - **隐喻现实矛盾**：影片通过哪吒与敖丙的挣扎，暗喻新兴力量与旧秩序的对抗，如中美竞争背景下年青一代冲破桎梏的勇气 2 8。

2. **家国情怀与责任觉醒**

   相较于前作，本片将格局从个人成长扩展至家国守护。哪吒从“自我证明”转向主动承担保护陈塘关的责任，体现了传统文化中“舍生取义”的价值观。面对四海龙王的威胁，他以牺牲自我换取百姓安宁，深化了角色的英雄形象 3 5。

二、角色塑造：颠覆与成长

1. **哪吒形象的创新性**

   - **反传统设定**：影片颠覆了传统哪吒的“完美英雄”形象，塑造了一个黑眼圈、鲨鱼牙的叛逆少年，通过“丑萌”外表强化其“被误解者”的身份 3 4。
   - **复杂人性刻画**：哪吒既有破坏性冲动，又保留纯真本性（如为救父母甘愿自毁），展现善恶交织的真实人性 5 8。

2. **配角的多维叙事**

   - **敖丙的挣扎**：作为灵珠转世者，敖丙背负家族使命与哪吒对立，却在共同抗争中成为盟友，凸显友情跨越立场的可能性 4 5。
   - **李靖夫妇的爱与隐忍**：李靖夫妇以包容与信任化解哪吒的戾气，体现亲子关系的救赎力量 3 5。

三、剧情结构：神话重铸与戏剧张力

1. **主线冲突：肉身重塑与命运抉择**

   影片以哪吒与敖丙的“肉身重塑”为核心，将个人存亡与族群存亡交织。太乙真人用七色宝莲重造肉身的失败，推动两人直面生死考验，强化了“宿命与自由意志”的哲学命题 5 7。

2. **高潮设计：正邪辩证与视觉奇观**

   - **神性与人性的对立**：阐教以“铲除罪孽”之名漠视生命，海妖族群看似邪恶却为生存抗争，打破传统正邪二元论 8。
   - **决战场景**：哪吒与敖丙携手对抗阐教势力，滔天巨浪与金光法阵的视觉碰撞，象征新旧秩序的终极对决 5 8。

四、视听风格：技术升级与文化表达

1. **动画技术的突破**

   影片延续前作的高水准制作，通过细腻的表情捕捉（如哪吒标志性的大眼睛）、流畅的动作设计（如混天绫的火焰特效），打造沉浸式东方奇幻美学 4 7。

图11-2 《哪吒之魔童闹海》深度电影解说

第三步 视频剪辑。到了这一步，需要将文案和视频内容结合起来。首先，打开剪映，开启你的图文成片。其次，选择自由编辑模式，把 DeepSeek 生成的电影解说文案直接丢进去。最后，挑一个声音进行配音，点击生成视频，勾选使用本地素材。

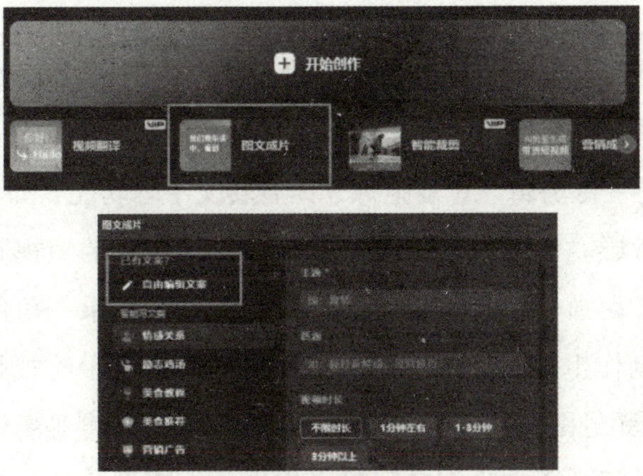

图11-3　视频剪辑

第四步 视频剪辑。在电影里找出相对应的片段进行切割，然后放在对应 DeepSeek 的解说文案上面。这一步需要花费较长的时间，相对烦琐，但只要熟练掌握，30 分钟内基本都能解决战斗。如果对质量有更高的要求，可以观摩各个大佬的视频结构，学习和揣摩大佬每一步操作背后都有什么具体的意义。

AI 技术的突破正在改写行业规则，只要打开剪映点击“智能剪辑”，输入“需要科技感转场”，30 秒后 AI 就能生成三个候选方案。这不是科幻电影，而是今天影视剪辑行业的真实图景。

这里，给大家推荐 7 款超好用的 AI 视频神器，小白也能秒变导演，轻松打造电影级大片。

（1）即梦 AI。即梦，是抖音集团旗下的一款 AI 应用，可以 AI 生成图片和视频。只要打开即梦 AI，输入文字描述或上传图片，即梦 AI 就能自动帮我们生成视频，并提供多种风格模板选择。操作简单，无须任何剪辑基础，适合小白快速制作短视频或产品宣传片等。

（2）可灵 AI。可灵 AI（Kling）是由快手大模型团队自研打造的视觉生成大模型，具备强大的视觉生成能力，用户可以轻松高效地完成各种艺术创作。只要输入文字或提示词，就能生成视频。它为我们提供了海量 AI 配音音色选择，同时支持多语言配音和自动生成字幕，可根据视频内容智能匹配背景音乐。

（3）抖音剪映。在手机端，只要通过手指点击、拖动、放大缩小等操作，就可以剪辑出一个非常成熟的视频作品。其拥有海量视频素材、特效、滤镜和转场效果，支持一键剪辑、智能抠像、语音转文字等功能，非常实用。

（4）万彩微影。作为一款功能丰富且简单易操作的短视频制作软件，提供了丰富的 MG 动画模板和素材，支持自定义动画效果、角色动作和场景切换，可以轻松制作生动有趣的动画视频。可制作真人手绘视频、文字动画视频、公众号 / 视频号图文视频，用于企业宣传、科普教育等场合。

（5）通义千问。通义千问是阿里云推出的大模型，具备超大规模和多轮交互能力，多模态理解能力强，适合多轮对话。可以将文字描述或图片生成高质量视频，提供多种艺术风格选择，如油画、水彩、漫画等。

（6）Vidu。Vidu 是首个国产自研大模型，操作界面简洁清晰。其绝妙之处在于，可以通过上传主体图片，精准生成目标效果；提供多种数字人形象和声音选择，支持自定义数字人表情、动作和语音，能够轻松生成数字人视频，在数字人领域优势突出。有利于低成本打造专属数字人 IP，适用于虚拟主播、产品代言、教育培训等场景。

（7）元镜。无论是文旅宣传片、企业宣传片、创意短视频还是其他类型的微短剧，元镜都能提供强大的支持。其支持智能剪辑、自动配乐、特效添加等功能，并提供 AI 脚本创作、AI 素材推荐等辅助创作工具，效果很不错。

以上 7 款 AI 视频生成工具各具特色，能够满足不同用户的需求，可以试试。无论是想快速制作短视频，还是打造专业级电影大片，都能在这里找到适合自己的工具。

71 游戏NPC成精：对手会预判你的操作

对玩家而言，AI 可以让游戏变得更加沉浸、更具个性化，也让每次游戏体验都不一样。这简直就是为玩家量身打造的“私人订制”。

AI 不仅改变了游戏的开发和设计思路，也为玩家的体验和互动方式带来了深刻的变革。不可否认的是，我们正在开启一个全新的互动娱乐时代。

从简单的自动化工具到复杂的创造性伙伴，AI 在游戏生态中的应用逐步深化，成为推动行业发展的关键力量。

首先，AI 技术能够快速生成游戏中的各种元素，如关卡设计、角色模型、剧情对话等。通过深度学习算法，AI 可以根据游戏的风格和设定，自动生成符合要求的内容。例如，一些 AI 工具可以在短时间内生成大量精美的游戏场景和角色模型，大大提高了开发效率，不仅节省了开发时间和成本，还能让开发团队将更多精力投入游戏的核心玩法和创新。

其次，AI 驱动的非玩家角色（NPC）和智能体，能够为玩家提供更加真实和富有挑战性的交互体验。这些智能体可以根据玩家的行为和决策作出实时反应，展现出更加复杂和多样化的交互模式，提升游戏的可玩性，也为玩家带来更加沉浸的游戏体验。

最后，AI 技术可以根据玩家的游戏习惯和偏好，为玩家提供个性化的游戏内容和体验。通过对玩家数据的分析，AI 可以预测玩家的需求和喜好，并据此调整游戏的难度、剧情走向和任务内容，不仅可以让玩家感受到游戏的贴心设计，还能提高玩家的留存率和忠诚度。

具体来说，AI在游戏行业的应用主要体现在以下几个方面。

（1）智能内容生成。利用生成对抗网络（GAN）和其他深度学习算法，可以自动生成游戏关卡、角色、对话等内容，不仅可以减少开发人员的工作量，还能提供更丰富的游戏内容。

（2）个性化玩家体验。通过分析玩家的行为数据，AI可以为玩家提供定制化的游戏推荐和内容推送，提升玩家的沉浸感和满意度。

（3）动态难度调整。AI可以实时监测玩家的表现，自动调整游戏难度，确保挑战与玩家技能水平的平衡，减少玩家的挫败感，增强游戏的黏性。

（4）智能NPC交互。通过自然语言处理技术，AI可以使NPC进行更加自然和智慧的对话，增强游戏故事情节的代入感，提高玩家的互动体验。

（5）测试和优化。AI可以帮助开发团队在游戏开发阶段进行更有效的测试，包括bug（漏洞或缺陷）检测、性能评估等，加快产品的迭代和发布。

【案例】《幻兽帕鲁》（*Palworld*）用AI“卷设计”

2024年年初，第一匹游戏黑马——《幻兽帕鲁》（*Palworld*）问世，用AI“卷设计”引发了激烈的讨论。这是一款开放世界生存游戏，自Steam上线以来便迅速走红，创下了惊人的销量和在线峰值纪录。其于1月19日上线抢先体验版本，1月23日《幻兽帕鲁》的Steam历史在线峰值就达到了185万人，成为Steam历史在线玩家峰值第二的游戏。

《幻兽帕鲁》为什么能叫好又叫座？主要是因为借鉴了“全球最赚钱IP”任天堂宝可梦的收集神奇生物系统，缝合到更多开放世界游戏玩法里，满足了全球玩家多年的梦想。玩家可以在庞大的世界里收集上百种幻兽，探索、战斗、生产建造，繁殖孵化等玩法应有尽有。有些玩家甚至还从中体会到了难得的“当老板”的乐趣。

在《幻兽帕鲁》游戏中，作者设计出了一个内容丰富、生机勃勃的世界，在这里玩家可以自由收集神奇的生物“帕鲁”，派他们进行战斗、建造、采矿、工业生产等，享受悠闲生活或投身于冒险事业。

这款游戏画风以3D卡通为主，玩法融合了开放世界探索、生存建造、第三人称射击、即时战斗等玩法。既战斗，又模拟经营，吸引了众多玩家的目光。

从个性化推荐到智能NPC的设计，AI正在创造出更加丰富和沉浸的游戏世界。它不仅提升了游戏的互动性，更在游戏设计、玩家体验、市场分析等方面发挥了重要作用。

72 虚拟世界打工：在元宇宙开店赚真钱

人工智能与增强现实/虚拟现实技术相辅相成，是构建个性化、沉浸式体验的关键驱动力；通过智能决策、数据分析和虚拟环境构建，塑造了体验经济的崭新面貌。

在娱乐领域，VR和AR技术带来了全新的体验。VR游戏让玩家能够身临其境地感受游戏世界的刺激与乐趣，无论是紧张刺激的射击游戏，还是充满奇幻色彩的冒险游戏，都能让玩家沉浸其中，乐此不疲。AR游戏则打破了虚拟与现实的界限，将游戏元素融入真实环境中。此外，VR电影、AR演唱会等新型娱乐形式也不断涌现，为观众带来了前所未有的视听盛宴。

（1）VR构建虚拟的平行宇宙。VR，即虚拟现实，它通过计算机技术生成一个三维的虚拟世界，用户佩戴VR头显设备后，仿佛置身于这个虚拟环境之中，实现全方位的沉浸式体验。该技术的核心原理基于计算机图形学、传感器技术和人机交互技术。

（2）AR让虚拟与现实无缝融合。AR，即增强现实，它是将虚拟信息叠加在真实世界之上，实现虚拟与现实的实时交互。AR 技术主要依赖摄像头、图像识别技术和显示技术，通过摄像头捕捉现实世界的画面，利用图像识别技术对画面中的物体进行识别和定位，然后将预先制作好的虚拟信息，如模型、文字、动画等，精准地叠加在现实场景中的对应位置，通过手机屏幕、智能眼镜等设备呈现给用户。

（3）AI 与 AR/VR 如何重塑体验经济。AI 与 AR/VR 技术在体验经济中的应用，彻底改变了传统行业的服务方式与商业模式。从娱乐到教育、从医疗到零售，各个领域都在利用这些技术提供个性化、沉浸式的体验，塑造全新的用户价值。

这里有几个例子。

【案例 1】沉浸式戏剧——全球知名的《不眠之夜》（*Sleep No More*）

演出开始后，每一位演员都承载着一条独立的剧情线，或关乎权谋争斗，或聚焦浪漫爱情，或展现神秘冒险。

观众拥有绝对的自主选择权，可以随心所欲地跟随不同的演员穿梭于各个场景。在跟随过程中，观众可近距离目睹演员的精湛表演，通过自己的选择拼凑出独一无二的故事全貌。

这种体验逻辑给予观众极大的参与感，仿佛他们不再是旁观者，而是故事的创作者之一。

【案例 2】主题乐园——迪士尼乐园

从踏入园区的那一刻起，游客便被卷入一个梦幻世界。不同主题区域，如童话城堡区、明日世界区、探险世界区等，凭借极具特色的建筑风格、景观设计、背景音乐，全方位营造出沉浸式氛围。

游乐设施巧妙融入主题，比如：过山车在模拟星际穿越的轨道上飞驰，游客可以感受到宇宙航行的刺激；水上项目结合神秘海岛探险背景，沿途设置逼真的“海盗船”“宝藏洞”景观。

各环节紧密相连，在游玩过程中，游客可以感受到来自视觉、听觉、触觉多感官的持续冲击。

【案例3】实景剧本杀

在热门的实景剧本杀场馆，玩家可以换上精心设计的古装或现代服饰，代入各自角色身份。玩家穿梭在逼真的场景布置中，或古色古香的客栈，或充满科技感的未来基地，一边依据手中剧本台词进行演绎，一边通过交流、搜证，探寻案件真相。

玩家不仅要隐藏自己的秘密，还要识破他人的谎言，欢声笑语不断，激烈争辩交织在一起，在推理和解谜中度过一段难忘时光。

可见，在科技浪潮的席卷下，虚拟现实（VR）与增强现实（AR）技术逐渐从科幻电影的想象中走进我们的日常生活，为我们带来了前所未有的沉浸式体验。无论是在娱乐、教育，还是医疗等领域，VR和AR都展现出了巨大的应用潜力，正悄然改变着我们与世界交互的方式。

73　追星新方式：和AI数字偶像互动谈恋爱

AI数字人直播，搭建多元直播场景，专家级商品讲解，实时互动问答，丰富的互动形态精准传达信息，既能让消费者获得全新的购物体验，也可赋能商家创建商品售卖直播间，助推GMV（一定时间段内网站成交总额）增量，实现消费体验和生产效能的“双提升”。

先来看看下面这个问题。

你每天刷8个小时短视频里面的美女，或者是直播间里与你互动的主播小姐姐，你确定是真人吗？

你如果傻傻地认为，把自己刷成榜一大哥，就能把她们约出来，在前些年还有可能，但在现在就不一定了。

因为她们虽然拥有逼真的面容、生动的表情，能够与观众进行实时的对话和互动，却不一定是真的人类，而是一串代码，难以分辨真伪。数字人主播不仅能够24小时不间断地工作，还能根据不同场景和需求定制其外观和性格，为观众带来全新的互动体验。其优势主要体现在以下几个方面。

首先，AI数字人直播不需要支付真人主播的高昂薪酬，也无须为主播提供休息、培训或其他福利，大大降低了直播的运营成本。同时，数字人可以全天候不间断地进行直播，无须考虑主播的疲劳和工作时间限制，提高了直播的效率、扩大了直播的覆盖面。

其次，通过先进的AI算法，数字人能够实时分析观众的行为和喜好，提供更为精准的内容推荐和互动方式，让观众感受到前所未有的关注和满足，提高观众的黏性和参与度。此外，数字人还能及时回应观众的评论和问题，营造出更加活跃的直播氛围。

再次，AI数字人在直播过程中具有更高的稳定性和可控性，能始终保持稳定的状态，确保直播的顺利进行。同时，数字人的行为和言论完全由运营者控制，避免了真人主播可能出现的失误或不当言论带来的风险。

最后，数字人的形象和风格还可以根据需求进行灵活调整，打造出各具特色的直播内容，满足不同观众群体的喜好，为品牌和企业提供了更多的营销手段和推广方式。

【案例】曦灵AI数字人

曦灵AI数字人是百度智能云推出的一个集成了数字人生产、内容创作和业务配置服务的平台。

用户只要上传一张照片，就能快速生成一个2D或3D的数字人像。这些数字人可以通过AI技术进行驱动，实现音唇同步和表情丰富多变。

曦灵平台通过结合 AI 和计算机图形学，提供了一个高效、低成本的数字人生产和运营服务。其核心功能如下。

（1）虚拟形象生成。曦灵平台可以通过 AI 技术生成逼真的 2D 和 3D 数字人形象，用户可以自定义数字人的外观、服饰、发型等细节，创造独特的虚拟形象。平台支持多种风格，从写实到卡通，应有尽有。

（2）语音合成与识别。曦灵的数字人具备自然流畅的语音合成与识别能力。用户可以输入文本，数字人将其转换为逼真的语音输出。同时，数字人还可以识别用户的语音指令，实现实时对话和互动。

（3）情感表达与动作捕捉。曦灵支持丰富的情感表达和动作捕捉技术，数字人可以展示多种情绪，并通过细腻的面部表情和肢体动作来增强互动体验的真实感。

（4）多场景应用。曦灵的数字人可以应用于多个场景，如虚拟直播、视频生产、虚拟互动、IP 孵化等。它提供了海量的模板库和人像库，以及基于大模型的智能体配置，能够满足不同行业的个性化需求。

数字人直播，通过 AI 驱动的虚拟主播技术，将数字形象与语音、动作生成技术相结合，实时在直播间与观众互动。与传统真人主播相比，数字人直播不仅可以全天候工作，还能避免出镜疲劳，尤其适合电商带货、自媒体内容创作等场景。

74 菜鸟变大神：AI教你打游戏，轻松上王者

AI 的加入改变了电竞选手的竞技方式，依靠 AI，教练可以完成以往需要大量人力才能解决的数据分析工作，而自动生成内容可以帮助用户更直观理

解赛事。

如今，AI 在电竞比赛中已成为常态，帮助从业人员分析大量比赛数据，包括游戏内决策和选手行为。通过解读这些数据，团队能够洞察竞争对手的行为趋势，从而制定应对策略。通过分析和自动生成内容，AI 可以帮助电竞产业实现更高效的内容产出和更丰富的用户体验。

AI 挖掘的海量玩家数据，为构建更多创新玩法提供了支持，进一步拓宽了游戏的受众边界，并为电竞行业注入了源源不断的活力。在不断发展的电竞领域，数字技术的更新迭代在推动行业发展上发挥着至关重要的作用。

首先，在选手和教练方面。AI 能够处理和分析大量比赛数据，包括游戏内决策、选手动作和行为模式，为电竞选手和教练团队提供深入的洞察和策略建议。例如，战队利用训练 AI 模型，自动化比赛流程，提供最佳选秀和竞选建议，优化获胜机会。

其次，在用户层面。AI 技术在用户层面的应用，比如，通过高级视频分析 (AVA) 和机器学习（ML）解决方案，可以从现场电子竞技广播中实时提取数据，并自动将数据汇总为统计数据，输出用户可以快速理解的可视化数据界面，为娱乐和指导提供可参考的内容，增强赛事的观赏性和互动性。

最后，在平台和赛事官方方面。能够自动生成视频精彩片段、社交媒体内容、比赛分析等，为内容平台和赛事官方提供极大的创作自由和灵感，提升观众的参与度。

简言之，电竞领域里，AI 能像数据侦探一样，实时分析选手操作数据，精准找出战术漏洞和对手的小习惯，甚至还能模拟对战，让选手感受紧张刺激的对战场面，加强赛前训练成果。

【案例】AIAgent 大模型电竞赛

2025 年 1 月，由 AIGC 开放社区主导发起，Microsoft Reactor 社区、蘑菇云全力支持的国内首个星际 2“AIAgent 大模型电竞赛”线上总决赛圆满收官，这场赛事不仅是电竞选手间的较量，更是前沿 AI 技术的深度博弈，吸引了无数目光聚焦。

赛事内测阶段吸引了来自不同领域的关注，突破传统电竞门槛，面向星际争霸新手、资深玩家和专业开发者，提供接触 AIAgent 技术的机会。参赛者可以亲手构建 AIAgent，学习核心技术，实现从玩家到技术创造者的转型。冠军团队依托高校前沿科研力量与企业创新实践平台，在 AIAgent 构建过程中，通过对大模型更精细化的控制，实现对游戏局势更精准的预判、资源分配更高效的优化，以及作战指令更敏捷的执行。

AIAgent 的引入为玩家带来了全新的游戏体验，无论是单人挑战还是团队合作，玩家都能在与高智能 AI 的互动中感受到更丰富、更有深度的玩法。例如，玩家可以尝试单人挑战高难度 AI，或与 AI 并肩作战进行协同对局，不仅提升了游戏的趣味性，也满足了不同层次玩家的多样化需求。

人工智能与电竞的融合，改变了电竞选手的竞技方式，依靠 AI，教练可以完成以往需要大量人力才能解决的数据分析工作，而自动生成内容可以帮助用户更直观理解赛事。

75 短视频爆款制造机：AI帮你找选题、讲故事

借助人工智能工具，只要输入一个简单的故事主题，就能自动生成一个包含完整剧情、精美图片、动听音频和字幕的高清视频。无论是知识科普、品牌推广，还是短视频制作，都能快速、智能、高质量地完成！无须专业技能，只需一个想法，就能让你成为故事的创作者。

在数字营销的世界中，短视频已经成为一种强有力的工具。借助人工智能技术，能够创造出更富有创意、更引人入胜的短视频内容。

在 AI 技术的赋能下，短视频创作的边界被不断拓宽，为创作者们打开了一扇充满无限可能的新大门。

以往，创作者需要绞尽脑汁构思脚本，反复琢磨每个镜头的时长、景别和台词。而现在，借助 AI 脚本生成工具，只需输入简单的主题或故事梗概，AI 就能在短时间内生成多个脚本版本，还能根据用户的反馈进行实时修改和优化，大大节省了创作时间，让创作者能够将更多精力放在内容的个性化呈现上。

在视频素材制作方面，AI 同样展现出了强大的实力。曾经，为了获取理想的素材，创作者可能需要花费大量时间和精力进行拍摄、筛选和整理。如今，AI 图像生成和视频生成技术让这一过程变得轻松许多。比如，以 Midjourney、Stable Diffusion 为代表的 AI 绘画工具，能够根据用户输入的文本描述生成逼真或极具创意的图像，这些图像可以作为短视频的背景、角色形象或视觉元素。

下面是一些使用 AI 技术打造的短视频案例，可以为你的创意营销提供启发。

【案例】智能剪辑影视混剪

某新上线的流媒体服务借助 AI 技术，从海量的影视片段中，根据用户的喜好和当前流行趋势，自动生成混剪短视频。这些短视频以幽默、戏谑的方式吸引用户关注，增加订阅。每个用户看到的短视频内容都是独一无二的。AI 算法能快速捕捉并应用最新的流行元素，保持内容的新鲜感。

AI 技术的融入，为短视频制作领域带来了前所未有的变革，让创作门槛大幅降低，创意实现更加轻松高效。那如何进行制作 AI 短视频呢?

（1）创意构思。创作的起点往往最难，而 AI 可以成为我们的创意大师。ChatGPT、文心一言等 AI 对话工具，就像我们的创意伙伴，能够在我们灵感枯竭时伸出援手。

（2）脚本创作。传统的脚本创作过程烦琐，需要创作者具备丰富的经验和较强的逻辑思维能力。现在，借助 AI 脚本生成工具，这一过程变得轻松许多。

（3）素材生成。文生图工具 Midjourney 和 StableDiffusion 能够根据文本描述生成令人惊叹的图像，作为短视频的背景、角色形象或装饰元素。

（4）配音配乐。在配音方面，讯飞星火、魔音工坊等 AI 配音工具拥有丰富的音色库，涵盖了各种语言、性别、年龄的声音，还能根据不同的情感需求调整语速、语调。

（5）剪辑合成。在剪辑合成环节，需要将所有素材整合在一起，形成完整视频的关键步骤，如剪映、快影等 AI 剪辑软件，操作简单，功能强大，能够帮助创作者快速完成剪辑工作。这些软件通常具备智能识别素材内容、自动拼接素材、添加转场特效、一键添加字幕等功能。创作者只需在自动生成的基础上，进行一些微调，就能轻松完成一个高质量的短视频。

第十二章

寻机遇：AI让诸多行业“重新洗牌”

76 教育：AI帮你定制学习计划

未来教育，不是 AI 取代老师，而是 AI 赋能，让每个孩子都拥有专属的“超级助教”。

当人工智能与教育碰撞，一场静默却深刻的革命正在重塑人类学习的边界。从传统课堂的“单向输出”到智能时代的“双向共创”，AI 不再仅仅是辅助工具，而是成为重构教育生态的核心驱动力。

如今，AI 正在突破时间与空间的限制，让知识传递从标准化流水线转向个性化培养皿，让学习从被动接受进化为主动探索，更让教育从“批量生产”升级为“终身陪伴”。

（1）AI 重塑课堂交互。告别“填鸭式”教学。传统课堂，老师“满堂灌”，学生被动听，效率低下。AI 的介入，可以让课堂焕发新生。老师从重复性的答疑工作中解放出来，可以把更多精力放在更有创造性的教学设计上。同时，AI 有助于寓教于乐。它可以根据教学内容，生成各种互动游戏，如知识竞赛、模拟实验、角色扮演等。

（2）AI 赋能课程设计。AI 能够分析学生的学习数据，识别学生的知识盲点和兴趣偏好，根据诊断结果，智能匹配最适合学生的学习资源和学习路径。AI 还能根据学生的学习反馈，调整课程内容和教学方法。如果学生对某个知识点感到困惑，AI 会提供更详细的解释或更生动的案例。

（3）AI 助力青少年培训。AI 能通过科学的测评工具，全面评估孩子的各项能力，包括认知能力、创造力、社交能力等，给孩子做一次全面的“体检”，了解孩子的优势和潜力。

（4）AI 打造成长陪伴。AI 可为青少年提供全方位的支持和陪伴，倾听青少年的烦恼和困惑，提供情感上的支持和鼓励。AI 还能提供心理辅导服务，帮助青少年应对各种心理问题，保持健康的心态。

【案例】自适应学习平台的打造

某学校借助前沿 AI 技术成功打造了一款自适应学习平台。当学生在平台上进行学习活动时，其答题对错、解题时长、翻阅资料频率等各类学习数据都会被实时采集。平台凭借算法，瞬间就能对这些数据深度剖析，精准诊断出学生的知识薄弱点，如能精准定位到学生在数学函数中对二次函数对称轴的理解偏差，或是英语语法里虚拟语气的运用误区。

基于诊断结果，平台会从海量的学习资源中，智能筛选并推荐契合学生当下水平与需求的学习内容和练习题，像是为对历史感兴趣的学生，将相关知识点融入历史故事场景进行推送。同时，平台的智能答疑功能 7×24 小时在线，学生一旦遇到难题，输入问题就能快速得到详细解答。

AI 与教育的融合，是大势所趋。谁能率先抓住 AI 带来的机遇，谁就能在未来的教育市场中占据领先地位。

77 盖楼快一半：AI画图纸，工期省50%

未来建筑界，AI 将为建筑师插上翅膀，让每座建筑都成为独一无二的智能结晶。

AI 与建筑的融合，一场足以掀翻传统行业基石的风暴正呼啸而来。从单调重复的底稿设计，到耗时费力的图片渲染；从凭经验摸索的智能规划，到难以及时察觉的风险预测，AI 正以雷霆之势，将这些环节逐一重塑。

（1）AI 加速底稿设计。AI 在底稿设计阶段，就像一位不知疲倦的创意助手，生成无数方案。建筑师只需输入几个关键词，如“现代”“环保”“海景”，AI 就能生成几十甚至上百个设计方案。建筑师可以从中挑选合适的方案，进行修改和完善，大大缩短了设计周期。AI 还能突破人类的思维局限，带来意想不到的创意。

（2）AI 提升图片渲染。传统的渲染方式耗时耗力，而且效果往往不够真实。AI 渲染技术可以生成逼真的建筑效果图，无论是光影效果还是材质纹理，都能够达到照片级的水平。AI 渲染技术还可以进行互动式的展示。客户可以通过 VR 或 AR 设备，身临其境地体验建筑空间，自由漫步在建筑内部，甚至可以根据自己的喜好调整装修风格和家具摆设，大大提高客户的满意度。

（3）AI 实现智能规划。AI 可以分析建筑周边的环境因素，如交通流量、人流量、噪声污染等，从而优化建筑的朝向、布局和功能分区。例如，AI 可以根据日照角度，调整建筑的立面设计，最大限度地利用自然光，降低能源消耗；AI 还可以根据人流量，优化商业空间的布局，提高商铺的利用率和租金收益。

（4）助力风险预测。AI 可以分析建筑设计的结构力学性能，识别潜在的安全隐患。例如，AI 可以检测建筑结构的承重能力是否符合标准，评估建筑在地震、风雹等自然灾害下的抗风险能力。

【案例】AI 技术在智慧社区规划设计中的运用

某房地产开发商独具慧眼，积极投身于 AI 技术在智慧社区规划设计中的应用。在项目筹备初期，借助 AI 强大的数据分析能力，深度剖析周边居民的年龄结构、消费习惯与出行方式。根据分析结果，精准确定社区商业配套，引入贴合不同年龄段需求的业态，如针对老年群体的康养服务，以及满足年轻消费群体的潮流餐饮、便捷便利店等；在公共服务设施规划上，合理布局社区活动中心、健身设施等，全方位覆盖居民生活需求。公司还通过 AI 优化了社区的交通组织，设计了智能停车系统和共享单车系统，缓解了交通拥堵问题。

该智慧社区一经推出，就受到了市场的欢迎，销售额远超预期目标。该项目不仅为开发商带来了收益，也提升了社区居民的生活品质。

未来，随着 AI 技术的不断成熟，或许能实现更深度的人机协同设计，让建筑师的创意与 AI 的精准高效完美结合。在建筑施工管理中，AI 有望实现对施工现场的实时、全面监控，进一步提高施工效率与质量。但同时，AI 技术的广泛应用也面临着数据安全、隐私保护以及对传统建筑人才技能要求转变等挑战。

78 合同不用律师：AI用3分钟审完100页

未来律师事务所，不再是人手一本厚厚的法典，而是人手一个 AI 律师助理，24 小时在线，解决一切法律难题。

当 AI 闯入法律领域，将足以颠覆传统法务运作模式。以往烦琐耗时的文档生成，如今 AI 能一键搞定；错综复杂的案件分析，AI 瞬间便能抽丝剥茧；大海捞针般的案件查找，AI 轻松精准定位；生硬刻板的人机交互，AI 让其变得如同老友谈心般顺畅。它将法律工作从人工密集型转变为智能高效型，案件处理周期大幅缩短，分析精度直线飙升，检索效率呈指数级增长。

所以，不要再守着老一套故步自封，律师事务所与法务团队要学会拥抱 AI。

（1）AI 文档生成。AI 可以通过学习大量的法律文本和案例，生成各种类型的法律文档。律师只需输入一些关键信息，如合同当事人的姓名、标的物、价款等，AI 就能生成一份完整的合同草案。律师可以在此基础上进行修改和完善，大大缩短了起草时间。而且，AI 可以自动检查文档中的语法错误、逻辑错误和法律风险，确保文档的准确性和合法性。有了 AI 的助力，律师可以把更多精力放在案件分析和策略制定上，而不是耗费大量时间在重复性的文书工作上。

（2）AI 案件分析。通过 AI，可以快速分析大量的法律文本和案例，提取关键信息和法律观点，或了解类似案件的判决结果、法官的审判风格和律师的辩护策略。另外，通过分析大量的历史数据，AI 可以预测案件的胜诉概率，帮助律师评估诉讼风险，制定更加合理的诉讼策略。

（3）AI 案件查找。AI 案件查找技术，帮助律师精准定位，节省宝贵的时间。AI 可以通过自然语言处理技术，理解律师的搜索意图，从大量的法律数据库中找到相关的法律法规和案例。而且 AI 可以进行语义搜索。即使律师不知道确切的法律条文，也可以通过描述案件事实，让 AI 找到相关的法律依据。

（4）AI 人机交互。AI 人机交互技术让法律咨询随时随地应答。这主要是因为 AI 可以通过自然语言处理技术与用户进行交流。当用户通过文字、语音或视频的方式向 AI 提问诸如合同签订、婚姻家庭、劳动纠纷等问题时，AI 会第一时间给出解答。与此同时，AI 可以进行个性化的法律咨询。通过分析用户的个人情况和具体需求，AI 可以提供个性化的法律建议。

【案例】智能法律服务平台

某律师事务所，开发了一款基于 AI 的智能法律服务平台。该平台集成了 AI 文档生成、案件分析、案件查找和人机交互等功能，为用户提供全方位的法律服务。

平台上线后，律师的工作效率显著提高。律师利用 AI 文档生成功能，起草各种法律文书，节省了大量的时间。利用 AI 案件分析功能，律师可以快速了解案件的背景情况和法律风险，制定更加合理的诉讼策略。

该平台提供24小时在线的AI法律咨询服务，用户可以通过文字或语音的方式，向AI提问，获得解答。这项服务受到了用户的热烈欢迎，平台的用户数量得到增长。

有了AI的加持，该平台不仅提高了律师的工作效率，也扩大了律师事务所的服务范围，吸引了更多的客户。平台上线三个月，律师事务所的营收增长了30%，利润率也有所提高。该平台为律师事务所带来了显著的经济效益和社会效益。

不久的将来，AI不是要取代律师，而是为法律人打造“超级外挂”，重塑司法行业新秩序——AI可以完成一些重复性的工作，让律师把更多精力放在案件分析和策略制定上，为用户提供更加智能、高效的法律服务。

79 开会神器：AI做记录、写总结

“AI+办公”不是工具迭代，而是人类大脑的延伸。当办公软件学会深度思考，世界将分为两类人——用AI重构生产力的新物种和困在石器时代的旧人类。

传统的办公方式在面对日益复杂的工作需求和海量的数据信息时，显得越来越力不从心。而AI的出现，为办公带来了一场前所未有的革命——未来办公室，不再是埋头苦干的格子间，而是AI加持的“超级大脑”，一键搞定所有工作。

（1）内容生成。过去，传统的内容生成方式，尤其是PPT制作，是一项烦琐且耗时的工作。设计师需要花费大量的时间进行资料收集、内容策划、排

版设计等工作。一个完整的 PPT 方案，从构思到最终完成，往往需要 3 天甚至更长的时间来打磨。随着人工智能技术的不断发展，尤其是自然语言处理和图像生成技术的突破，AI 在内容生成领域实现了从文字到 PPT 的量子跃迁。

（2）会话交互。在传统的办公模式中，人与办公软件之间的交互主要是通过鼠标和键盘进行的，操作过程烦琐且需要一定的专业知识。然而，当 ChatGPT 式交互植入办公软件，人机关系发生了核裂变。这种新型的交互模式打破了传统的操作界面限制，让用户能够以自然语言的方式与软件进行交流，就像与一个智能助手对话一样，极大地增强了办公效率和用户体验，降低了办公软件的使用门槛。

（3）数据炼金术。对于数据分析师来说，处理乱序的数据是一项艰巨的任务，需要花费大量的时间进行数据清洗、整理和分析，才能从中提取有价值的信息。AI 的应用，让数据分析师集体失业成为一种可能。当用户上传乱序数据后，AI 能够自动关联多源信息，生成带预测建议的可视化报告，通过对不同数据源的数据进行整合和分析，发现数据之间的潜在关系和规律。

（4）会议革命。AI 可以自动记录会议内容，并将语音转换为文字，生成会议纪要。AI 可以识别会议中的关键词和重点内容，并生成会议总结。此外，AI 还可以根据会议内容，自动分配任务给相关人员，并跟踪任务的完成情况，确保会议决议得到有效执行。

【案例】讯飞会议耳机通过 AI 实现“时间折叠”

在传统会议中，70% 的时间浪费在记录、回溯和多语言沟通障碍上。手动整理纪要需数小时，跨国会议的语言壁垒更导致信息失真和决策延迟。

讯飞会议耳机通过 AI 实现“时间折叠”，比如：

实时转写与多语种互译。支持 8 种方言混说场景下的实时录音转文字，同步生成中英双语会议摘要，打破语言次元壁。

智能内容提炼：基于 viaimAI 会议助理，自动提取会议核心观点，生成 500 字精华总结，并标注 16 个待办事项，将 3 小时录音压缩为可执行的行动指南。

情绪与场景标注。AI 识别发言者情绪，用红色标注争议点、蓝色标记行动计划、黄色点亮创新灵感，使会议脉络可视化。

一些企业在使用该会议耳机后，纪要整理时间从 3 小时可缩短至 5 分钟，决策周期压缩 60%，待办事项完成率提升 45%。

该产品被 36 氪评为“2024 AI 应用标杆”，标志着 AI 从工具升级为组织智能中枢。其本质是对时间维度的降维打击——通过萃取会议中的隐性知识流，将人类从低效重复中解放，转向战略思考与创新。如今，讯飞正将技术扩展至教育、医疗领域，如手术室语音记录、多语种学术研讨等场景，进一步验证：AI 重构的不是流程，而是人类认知的边界。

当 AI 学会深度思考，办公室将成算力角斗场。在未来的办公环境中，AI 技术将成为企业和个人竞争的关键因素。那些能够熟练运用 AI 技术重构工作流的人，将在这场角斗场中占据优势，成为新时代的佼佼者；而那些对 AI 技术持观望态度或拒绝接受的人，就像蒸汽时代坚守马车的车夫，他们仍能生存，但永远看不懂新世界的运行规则。

80　看病不出错：AI看“片”又快又准

“AI+ 医疗”不是技术升级，而是人类生命的第二曲线——当算法学会望、闻、问、切，医疗产业将迎来千年未有之变局：会驾驭 AI 的机构吃下 80% 的市场蛋糕，固守传统的玩家连残羹都分不到。

2025 年流感季，杭州某在线医院的 AI 分诊系统，1 小时内处理 2376 例咨询。当 12 岁男孩妈妈输入“发烧 39℃ + 腿痛”，AI 秒级推送“流感 + 肌炎预警”，同步锁定 5 公里内有奥司他韦库存的药店。以前排队 3 小时，现在 3 分钟解决！

这不是简单的效率提高，而是 AI 医疗价值的真正体现——它不是取代医生的“机器判断”，而是把顶级医疗资源“雾化”成可呼吸的空气。

（1）报告生成。AI 影像报告生成已成三甲医院刚需。平安健康部署的 AI 系统，10 秒解析 CT 影像生成三维建模，标注病灶体积、浸润范围等 26 项参数，准确率达 98%。更狠的是商汤科技研发的“秒读”系统，能把 2 小时的 PET-CT 检查压缩到 15 分钟出报告，每年帮私立医院多接诊 3000 人次。

（2）智能诊断。疾病诊断是医疗的核心环节，AI 可以通过学习大量的医学文献和病例数据，建立强大的疾病知识库。医生只需输入患者的症状、体征和检查结果，AI 就能分析病情，给出诊断建议，并提供相关的治疗方案。

（3）电子病历。AI 电子病历系统可以自动录入和存储患者的病历信息，包括基本信息、病史、检查结果、诊断记录、用药记录等。患者和医生可以通过授权访问病历信息，随时随地查看和更新病历。另外，AI 通过分析大量的病历数据，可以发现疾病的流行趋势和危险因素，为公共卫生决策提供支持。

（4）在线医院。AI 在线医院可以通过视频、语音和文字等多种方式，为患者提供远程问诊、远程咨询、远程复诊等服务。患者可以通过手机或电脑，与医生进行实时的互动交流，获得专业的医疗建议。AI 还可以进行智能导诊。患者只需描述自己的症状，AI 就能识别患者可能患有的疾病，并推荐合适的医生进行咨询。

【案例】成都华西医院的 AI 辅助诊断系统

成都华西医院的 AI 辅助诊断系统重构了医疗效率的底层逻辑。这套系统通过患者扫码输入症状，AI 瞬间调用 2000 万临床病例库构建三维诊断树，将问诊流程压缩至“毫秒级决策”。医生只需在平板上勾选确认，单日接诊量从 4000 飙升至 7000，相当于在物理空间不变的医院里实现了医疗资源的“时空折叠术”。更具颠覆性的是 AI 与药械供应链的深度耦合——系统实时分析诊疗数据反哺采购决策，带动耗材精准投放，形成“诊断—治疗—供应”的智能闭环。华西医院 AI 系统将医生从重复劳动中解放出来，转而专注决策创新。

当 AI 在 3 秒内读完 10 年胸片数据，当乡村医生靠 AI 超声机确诊早期癌症，医疗的“经验崇拜”正在崩塌。在未来的医院里，没有 AI 的科室像没有 CT 机一样原始，不用 AI 的医生像不会用听诊器一样危险。

81 家电变保姆：冰箱自动买菜，洗衣机报修

家电的 AI 革命，本质是把用户的每个生活褶皱都变成收费二维码——厨房的油渍是菜谱订阅的印章，卧室的呼噜声是健康套餐的暗号，地板的灰尘是数据银行的存款单。

当 AI 之风吹进家电领域，一场智能化浪潮席卷而来。从厨房到卧室，从饮水到清洁，AI 正以润物细无声的方式，改变着我们的居家生活。所以，AI 家电不是科技革命，而是老板兜里的 POS 机——以前卖冰箱收一次钱，现在连用户喝的每杯水、炒的每道菜，都能变成收银机的叮咚声。

（1）AI 智能净水。水是生命之源，饮用水的质量直接关系到我们的健康。AI 智能净水器可以实时监测水中的 TDS 值、pH 值、余氯等指标，显示水质状况。当水质异常时，AI 会自动报警，提醒用户更换滤芯或进行维护。AI 也可以通过学习你所在地区的水质特点和你的饮水习惯，为你定制个性化的过滤方案。

（2）AI 智能睡眠。睡眠质量直接影响到我们的身心健康。AI 智能睡眠，监测你的睡眠状态，提供个性化的睡眠建议，改善睡眠质量。比如，AI 智能

床垫可以监测你的睡眠时长、睡眠深度、心率、呼吸率等指标，进而生成睡眠报告。AI 可以根据你的睡眠数据，分析你的睡眠问题，并提供个性化的睡眠建议，如调整卧室温度、光线、湿度等。

（3）智能清洁。在现代生活中，清洁工作占据了人们大量的时间和精力。智能吸尘器和擦窗机器人等产品，借助 AI 视觉技术和路径规划算法，能够高效完成地面和窗户的清洁任务，解放双手，让人们有更多时间享受休闲娱乐。例如，AI 智能扫地机器人可以自动规划清扫路线，避开障碍物，清扫地面上的灰尘、毛发和碎屑。AI 智能擦窗机器人可以自动擦拭窗户，让你轻松拥有干净明亮的窗户。而且，AI 可以根据你的家居环境和清洁习惯，为你定制个性化的清洁方案。

【案例】真正的智能家电，是在用户看不见的地方“偷偷赚钱”

郑州的李总做净水设备，去年给 300 家中小企业装了物联网净水器。传统思路是卖机器赚 20%，滤芯更换赚 30%。但李总发现企业 HR 最头疼的是“忘记换滤芯被投诉”，他直接推出“滤芯银行”：用户预存 2 年滤芯钱（市场价 8 折），设备自动监测 TDS 值，低于阈值时顺丰小哥带着新滤芯上门，旧滤芯回收返现 10 元。企业端省了管理成本，李总提前锁定现金流，还靠旧滤芯拆解数据反向定制滤芯配方。更狠的是，收集的水质数据卖给环保机构做城市水质地图，单郑州市场年数据收入就破 80 万元。现在李总的设备装机量年增 200%，现金流比传统模式多转 3 圈。

从这个案例可以看出，李总赚钱的逻辑：预付费锁定现金流（年化 15% 理财收益）+ 耗材精准推送（减少 35% 无效库存）+ 数据二次变现。

那些还在卖“能联网的冰箱”的老板，注定被淘汰。真正的智能家电，是在用户看不见的地方“偷偷赚钱”：厨房的油渍变成菜谱订阅，卧室的呼噜声变成健康的佣金，地板的灰尘变成数据资产。记住：硬件是入口，耗材是现金流，数据是印钞机。

82 物流不爆仓：AI预测销量，货车不空跑

仓库里每箱滞销的商品，都是老板没烧掉的现金——AI 不是物流的计算器，而是让积压货变活钱的利器。

物流的未来，不是比谁更快，而是比谁更“准”！AI 让每一件商品，都能在最合适的时间，出现在最需要它的地方！

当 AI 渗透到物流的每一个环节，传统的“人海战术”正在被颠覆。从仓储到运输，从预测到决策，AI 正以其强大的数据分析和优化能力，重塑着物流行业的格局。

（1）AI 辅助决策。传统的物流决策，往往依赖经验和直觉，容易出现偏差。AI 辅助决策，通过大数据分析和算法优化，为管理者提供科学的决策依据，提高效率和效益。如 AI 能分析历史销售数据、市场趋势、竞争对手信息等，预测未来一段时间内的需求量，为企业制订生产计划和采购策略提供参考。

（2）AI 销量预测。AI 通过机器学习和大数据分析，可以精准地预测未来的销量，帮助企业提前布局，抓住商机。AI 可以分析各种影响销量的因素，如季节性因素、促销活动、竞争对手策略、用户评价等，建立预测模型，预测未来一段时间内的销量。AI 还可以根据预测结果，优化库存管理、生产计划和营销策略，提高运营效率和盈利能力。

（3）AI 补货计划。AI 可以分析库存数据、销售数据、运输时间等因素，预测未来的库存需求，并自动生成补货计划，从而帮助企业降低库存成本，

提高资金周转率。

（4）AI 库存健康。AI 通过实时监控库存数据，可以及时发现潜在的风险，并采取相应的措施，确保库存的健康运行。AI 能监控库存数量、库存周转率、滞销商品比例等指标，当出现库存积压、滞销商品或库存周转缓慢等问题时，AI 会自动报警，提醒管理者采取相应的措施。

可见，AI 让积压货“开口说话”，每件滞销品都藏着细分市场的敲门砖。

【案例】AI 助力自动补货

广州海鲜批发商陈老板，以前凌晨 3 点盯着批发市场喊价，运费占成本 35%。

现在 AI 盯着凌晨 2 点的冷库数据：当某批次三文鱼解冻率超过 60%，自动给 300 公里内的日料店推送“限时闪送”——运费从 8 元 / 斤涨到 15 元 / 斤，但保证 3 小时送达（新鲜度提升 40%）。

算法还会算“死亡倒计时”：某箱车厘子剩 48 小时保质期，自动匹配社区团购“爆品秒杀”，毛利从负 12% 拉到正 22%。

陈老板顿悟：物流不是成本项，而是定价权的秘密武器——同样的货，早 3 小时送到就能多赚一辆金杯车。

那些还在靠“拍大腿”补货的老板，仓库里堆的不是货，是没烧完的钞票。

AI 不是给物流加芯片，是给老板的算盘装雷达——销量预测算的是“渠道愿意多打多少预付款”，补货计划省的是“被损耗吃掉的纯利润”，库存健康挖的是“滞销品里的隐形金矿”。因此，当你的仓库开始“自动减肥”（周转加快），当货车司机的路线图变成“利润等高线”，不是 AI 变聪明了，是你终于学会用数据割自己的“赘肉”了。

83 智慧耕耘农业：收集数据，深度分析，精准决策，降低成本

AI 的发展必将为传统农业生产注入新的活力。

长久以来，农业生产主要依赖农民世代积累的经验。从播种时节的抉择到灌溉水量的把控，再到病虫害防治时机的判断，凭借的都是农民对自然和作物的直观感知。这种传统模式虽蕴含着博大精深的智慧，但也存在诸多局限，面对复杂多变的自然环境和市场需求，很难做到精准高效。

AI 的介入，就像为农业生产装上了“智慧大脑”。通过各类传感器、卫星图像、无人机监测等手段，AI 能够实时收集海量农业数据，从土壤湿度、养分含量，到农作物的生长态势、病虫害迹象，全部辐射。这些数据经 AI 算法深度分析，就能转化为精准的决策依据，助力农民在生产的各环节作出最优选择，彻底改变传统农业靠天吃饭、凭经验行事的被动局面。

（1）在种植环节，AI 的精准度令人惊叹。借助先进的图像识别技术，AI 可以对农田中的作物进行逐株分析，识别出每一株作物的品种、生长阶段和健康状况。根据这些信息，智能灌溉与施肥系统能够精确计算出每一株作物所需的水分和养分，实现“按需供给”。

（2）AI 为病虫害防治带来了全新的解决方案。利用 AI 图像识别技术，只要将田间拍摄的作物照片或视频上传至智能分析平台，系统便能迅速识别出作物是否遭受病虫害侵袭，准确判断病虫害的种类和严重程度。

此外，AI 还能结合气象数据、历史病虫害发生规律等信息，提前预测病虫害的暴发趋势，为农民争取宝贵的防治时间。

【案例 1】农田里的“数字侦察兵”

在湖南某地的水稻田上空，搭载高光谱相机的无人机每天都会进行三次巡航，就像空中哨兵一样。它们能识别出叶片中叶绿素含量差异 0.3% 的变化，比人眼敏锐 100 倍。它们会将数据实时传回云端，运用 AI 系统，只要 48 小时就能预测病虫害暴发风险，准确率高达 92%。

【案例 2】从“人拉肩扛”到“算法种田”

在广州某区的超级农场里，“90 后”新农人李某设置好了参数，20 架无人机同时升空。仅用了 4 小时，就完成了 2000 亩稻田的精准播种，效率是人工的 50 倍。这些无人机搭载的 AI 芯片，不仅能自动识别田埂、电线杆，连飞行的振动频率都经过了算法优化，确保种子入土深度误差小于 1 厘米。

在科技飞速发展的当下，人工智能正以前所未有的态势渗透各个领域，而农业这片古老的土地，也在 AI 的赋能下焕发出崭新的生机。“AI+ 农业”的融合，并不是简单的技术叠加，而是一场重塑农业生产、经营与管理模式的深刻变革，为农业开辟出一片潜力无限的广阔舞台。

随着 AI 技术的不断发展和应用，AI 农业必将迎来更加广阔的发展空间。未来，我们可以期待。

（1）农业生产方式更加精准高效。AI 将帮助农民实现从“靠天吃饭”到“知天而作”的转变，提高农业生产效率，降低生产成本。

（2）农产品更加安全健康。AI 可以帮助实现农产品全程可追溯，保障产品安全，让消费者吃得更放心。

（3）农业发展模式更加可持续。AI 会帮助实现农业资源的优化配置，减少环境污染，促进农业可持续发展。

第十三章
探新路：AI重构商业模式

84 会员模式：更精准、更高效地满足客户需求

会员模式的核心在于锁客，让消费者支付一定的会员费，把消费者锁定到自己的项目上进行长期的消费。借助 AI 强大的计算能力和学习能力，就能为会员提供个性化的推荐服务，满足客户的需求。

会员运营是一种顾客管理模式，可以维系企业与顾客的关系。通过用户分层，为他们提供差异化服务和精准营销，提高顾客的忠诚度和活跃度，从而提高销售额，其本质就是，用一定的利润获得一定量的忠实消费者，表面上看起来，产品利润率降低了，其实获得了固定用户群体的保障。

AI 的引入，为会员模式注入了全新的活力，使其能够更精准、更高效地满足客户需求。

（1）服务有温度。传统门店的会员服务往往都停留在“姓名 + 消费记录”的浅层维度，而 AI 客户洞察引擎，可以通过多维度行为数据分析，自动生成客户的“兴趣图谱”与“需求画像”。店员在接待客户时，系统会实时推送个性化服务建议，比如，健身爱好者结账时，可以智能提醒运动装备换新周期。这种“比客户更懂需求”的预判式服务，实现了标准化流程与人性化关怀的无缝融合。

（2）留存更科学。AI 的智能陪跑系统可以通过企业微信、小程序等触点，构建“需求响应—消费激励—情感维系”的全周期留存链路。此外，系统还能自动记录客户偏好（如咖啡口味、宠物品种），在下一次服务时主动提供记忆点，让客户感受到“被重视”的专属感。

（3）连接无边界。将 AI 接入门店，物理空间与数字世界就会发生化学反应，比如，试衣镜变成时尚顾问，顾客只要扫码，就可查看同色系搭配方案；只要扫一下商品价签，就能跳转达人测评视频。这种“实体体验 + 数字增值”的双重触点，不仅可以提高店内转化率，还会让离店客户通过线上社群、直播等场景持续与品牌共振，实现“进店一次，连接一生”。

（4）服务即营销。当客户咨询商品用法时，AI 会自行进行专业导购解答，同时推送教程视频合集；当客户完成服务评价后，系统则会根据情绪分析结果，定向发放裂变优惠券。

【案例】AI 赋能会员触达的制胜之道

在竞争激烈的医药零售行业，谁能第一时间触达会员、锁定消费意向，谁就能在年终大促中占得先机。如何在短时间内高效触达海量会员，成为决定活动成败的关键。

2024 年 12 月 20—31 日，某药房开展年终活动，核心诉求是：通过电话触达会员，通知全场 66 折等优惠活动，引导会员到店消费。而要想完成这个活动，首先需要在活动开始前一天将通知告诉会员。

为了应对这一挑战，该药房使用 AI 语音机器人，凭借以下优势完成了任务。

（1）超强触达能力。单日可触达超过 500 万会员，接通率稳定在 60% 以上。

（2）精准会员画像。基于会员消费数据，智能筛选目标人群，增强转化效果。

（3）拟人化交互。采用真人录音，配合场景化话术，让会员感受到温暖、关怀。

在本次活动中，该药房围绕“通知—互动—转化”三个关键节点展开：

通过 AI 语音批量触达会员，会员在第一时间了解了活动信息。数据显示，首日到店率提高 35%。

接着，互动引导 AI 智能识别会员问题，精准回答活动细节、积分使用等咨询，促进会员到店意愿。

然后，针对犹豫用户，使用个性化话术，提醒活动即将结束，创造紧迫感。

最终，在本次活动中，语音机器人 3 天内完成了 500 万会员触达，平均接通率达到 72%，带动线下门店销售额超 200 万元。较往期人工电话通知提高效率 250%，降低成本 68%。

AI 的核心优势在于，其强大的计算能力和学习能力，能够为每位会员提供个性化的推荐服务。基于会员的历史行为和偏好，实时推荐符合其兴趣的商品或服务；AI 可以根据会员的消费能力、购买频率等因素，动态调整商品价格或优惠力度；结合会员所处的场景（如地理位置、时间点等），AI 还能为他们推送最合适的商品或服务。

而且 AI 还能帮助企业设计更具吸引力的会员权益，增强会员的获得感和忠诚度，比如，根据会员的消费行为和偏好，动态调整会员权益；可以根据会员的消费贡献和忠诚度，动态调整会员等级，提供差异化的服务体验。

如今，AI 技术已推动会员模式从“粗放运营”转向“数据驱动的精准服务”，通过智能决策与自动化执行，实现会员全生命周期价值最大化。企业要想发展，可以试试这种模式。

85 共享模式：实现供需双方的快速匹配和交易

共享模式以共享资源为核心，通过移动互联网等技术手段，实现资源的优化配置和高效利用，企业即使没有大量的固定资产，只要能借助 AI 整合社会闲置资源，就能提供优质服务，满足用户需求。

说到共享模式，很多人可能第一时间会想到共享充电宝。当然，共享充电宝确实也是共享模式，它共享了公司的系统，让加盟商贡献自己的落地能力，各处铺设点位，再通过系统的收银系统进行全自动的分佣结算。

那何为共享模式呢？即通过数字化平台连接供需双方，实现闲置资源的高效利用和按需共享。该模式颠覆了传统的所有权观念，提倡“使用而非占有”，鼓励消费者从物品的所有者转变为服务的使用者。通过这样的转变，不仅可以提高资源效率，减轻环境压力，还能催生出一种全新的经济形态和社会关系。

（1）资源利用率最大化。通过共享闲置资源，实现了资源利用率的最大化，这既符合环保理念，又降低了运营成本。

（2）降低消费者门槛。消费者使用资源的门槛被降低，更多人都能享受到高品质的服务和产品。

（3）创新商业模式。共享经济催生了全新的商业模式，为企业带来了更多的商业机会和利润空间。

共享经济作为近年来兴起的一种新型经济模式，已经深刻地改变了人们的生活方式和消费习惯。借助互联网技术，将闲置资源进行高效整合和利用，就能实现资源的最大化价值。从共享单车到共享汽车，从共享住宿到共享办公，其应用领域不断拓展，影响日益深远。

【案例】轻食赛道与共享充电宝模式的奇妙碰撞

近年，在共享经济赛道中，共享充电宝如同“独苗”般存在。虽然经历了一些冲击，但因其便捷性、高频率的使用场景以及成熟的商业模式，仍然在消费者中拥有广泛的需求和认可。邱远生敏锐地捕捉到了这一模式的精髓，将其应用于轻食领域，开创了全新的商业模式，成立了沙拉食刻。

沙拉食刻在各大CBD放置了无人售餐机，上班族通过线上下单、扫描取餐码、机器自动加热等步骤，就能迅速取走食物，真正解放了商家。这种模式体现了共享经济的精髓，即充分利用闲置资源，满足特定时段的特定需求。

多数甲级写字楼的楼内都不会配置烟道，楼下只有便利店，吃饭要步行到对面的商业楼。这台机器的出现，解决了上班族不想走太远、不想点外卖时的需求。只要花 15 元左右，就能解决一顿饭，干净卫生，性价比也高。

在 AI 的驱动下，共享模式正在以前所未有的速度改变着我们的生活方式和商业模式，不仅为消费者带来了便利，也为商家和企业提供了全新的商业机会。

《2024 年政府工作报告》提出开展“人工智能 +”行动，强调 AI 技术与实体经济深度融合。共享经济作为资源高效配置的典型模式，成为政策重点支持方向，企业需要紧跟市场趋势，不断创新和优化商业模式，以实现“共享”成功。同时，企业还要在建立信任机制、提高服务质量、强化品牌建设、创新合作模式等方面下功夫，为共享模式的发展贡献力量。

86 定制模式：实现产品差异化和解决方案的差异化

在 AI 引领的时代变革中，企业只要牢牢把握技术红利，以“AI 驱动决策、赋能创新”为核心战略，依据客户的实际需求，提供量身打造服务，就能在全球产业升级中占据先机。

所谓定制产品，指的是利用人工智能技术，根据用户的个性化需求生成独特的商品。这类产品结合深度学习、图像处理、自然语言生成等技术，实现了高度个性化和自动化的生产，因其高效、个性化、独特性，在电商、社交媒体和设计领域迅速流行，成为许多创业者和商家获利的新赛道。

定制化的产品解决方案，可以满足客户的独特需求，并提供适应性强的智能化服务选项，主要优势如下：

（1）精确对接。定制化的 AI 解决方案能够依据客户的实际需求，提供量身打造的服务。无论是在生产制造、市场营销、客户支持，还是人力资源管理等环节，定制化的AI解决方案均能为客户提供最适宜的智能化策略，直接作用于客户的痛点，带来立竿见影的效果。

（2）效能提高。定制化的AI解决方案具备高度的相关性和整合能力，能够与企业的现有业务流程和数据环境无缝对接，达到更高的实用性和效率水平；实现工作流的智慧化与自动化，提高操作效能和生产力水平。

在AI技术迅猛发展的浪潮中，中国产业正迎来一场前所未有的智能化变革。以DeepSeek为代表的国产大模型技术突破，结合行业对效率提高与个性化需求的迫切追求，推动了产业链从设计、生产到销售服务的全面升级。

【案例】AI技术与生产各环节紧密结合，推出多款AI智慧家电

2025年3月20日，2025中国家电及消费电子博览会（简称AWE2025）在上海开幕。除了全场景AI智慧家电，海尔智家还展示了全球引领的AI智造生产线，在行业尚属首例。

从用户需求出发，海尔智家将AI技术与生产各环节紧密结合，推出多款AI智慧家电，引领了行业发展，为用户创造了AI生活新体验。

海尔智家AI智造生产线，融合数字孪生、AI大模型、人形机器人及智慧物流调度等前沿技术，拥有自主进化的“智慧大脑”，可以实现云端到终端的全链路调度与协同。这也是家电行业首次将人形智能机器人应用于智能制造过程中，通过具身智能算法实现人机交互及柔性复杂场景操作。

现场，前来体验的观众络绎不绝。体验者只要在系统输入自己的需求并下单，云端就能智能排产：工单会实时下发至生产线并按需求定制生产，产品经多模态AI检测技术智能检测，后由人形机器人和智能AGV分别送至近、远订单窗口。整个生产过程只需1分钟，且全过程的品质可一键溯源。

AI智造不仅提高了生产效率，还升级了产品品质，让洗衣机、冰箱、空调、热水器、烟机、烤箱、电视等家电向“智能体”跃进，更提升了用户体验，搭载AI技术的所有家电，都具备听声音、辨位、识物的能力。

洗衣机替你洗衣。不管洗多洗少、怎样洗，都能看懂、做得了，相当于一个高级智慧洗护管家。

冰箱替你记物。不仅可以告诉你冰箱里放了什么，什么时候放进去、取出来，还能告诉你可以吃什么、什么食物应该先吃。

空调替你智控环境。空调能无死角听声辨位，分清房间里多人的不同指令或需求。

热水器替你护肤养肤。你只需说一句“想洗澡”，就能自动匹配水量、调好水温。

烟机替你“看锅”。它会“调整火力”，不会出现溢锅问题。

烤箱替你烹饪。它能自动识别食材种类、规格，自行匹配最精准烤制温度和时长，关上烤箱门的那一刹那，就跟咱们没关系了。

电视替你“保健”。根据你的用药记录、体检指标，就会给你推荐合适的饮食方案和科室。

海尔站在行业顶端，还推出了一站式智慧成套解决方案，用户可以根据自己家庭状况，依托海尔一站式全场景，定制化创建适合自己的智慧家庭。

随着科技进步的步伐不断加快，AI 技术已经渗透到日常生活的各个角落。其中，个性化的 AI 服务正逐渐成为一种趋势，给我们的日常生活带来了前所未有的便捷。

个性化 AI 服务的关键在于其利用深度学习技术和大数据分析的能力。通过处理和解析大量的信息，AI 系统能够洞察并预判客户的需求，并为他们提供与个人偏好相匹配的解决方案。无论是在智能家居、服装搭配，还是在医疗咨询与治疗方案的选择上，AI 都展现出了其巨大潜能。

此外，定制服务的一大亮点是其高度的个体化特性。每个人的特质都是独一无二的，需求和偏好也会有所不同，AI 定制服务却能根据这些差异，为我们提供更加贴合个人需求的支持。

87 体验模式：为用户打造独一无二的体验

如今，人工智能正通过个性化的购物体验和沉浸式的数字互动引领变革。从聊天机器人到虚拟试穿，AI 凭借强大的数据分析能力，提升了个性化服务，有利于企业更深入地了解客户的行为与偏好。

用户体验指的是用户在使用一个产品或系统整个过程的全部感受，包括情感、喜好、认知印象、生理和心理反应、行为和成就等各个方面。

AI 为用户体验研究提供了以下几个方面的实际价值。

（1）深层解析用户行为。AI 强大的分析能力，适合处理庞大的定量和定性数据。比如，在一项关于汽车驾驶行为的研究中，AI 能够迅速处理大量的用户反馈，提取关键趋势，并为后续的用户体验研究报告补充广泛且深入的见解。

（2）赋能创意设计。AI 不仅能够高效处理数据，还能够在创意设计中发挥重要作用。例如，AI 能够生成图像、设计原型，并快速提供创意启发，为研究过程提供更多选择和灵活性，帮助团队更加高效地实现创新和品质优化。

【案例】让 AI 成为人们生活中的“小帮手”

早在 2010 年，苹果就以 2 亿美元收购“Siri”项目，开了消费级 AI 助手的先河，从天气查询到语音导航，Siri 已经成为很多人生活中的“小帮手”。比如，开车时，你只要说一句“嘿，Siri，导航到公司”，它立刻就能为你规划路线，整个过程流畅而自然。

为了在竞争中逆袭，苹果从技术和生态两方面全面发力，搭建了一套完整的 AI 生态系统。该系统由苹果与博通合作开发，代号“Baltra”，预计 2026 年量产。这款芯片采用台积电先进的 N3P 工艺，可以优化 AI 工作负载，提升设备的推理能力。届时，苹果设备的 AI 性能将大幅提升，复杂任务处理速度更快，甚至能挑战目前的行业领跑者。

第一，苹果将硬件与 AI 技术深度融合，打造了一个“无缝智能体验”的生态系统。①Apple Music。通过 AI 算法，可以根据用户心情、场景推荐音乐，还能生成专属播放列表封面。②Siri 2.0。该系统更懂语义、更主动智能，如出行时会自动规划路线、提醒票务信息。③Apple Vision Pro 2。该系统可以带来更震撼的沉浸式交互体验，不管是虚拟办公，还是沉浸式观影，都令人期待。

第二，苹果努力让 AI 功能更贴合用户的日常需求，比如，下班后，你只要对 Apple TV 说一句“播放轻松的音乐”，它立即就能理解你的指令；健身时，Apple Watch 能根据你的身体状态定制运动计划；在虚拟会议中，可以通过 Apple Vision Pro 2 实现实时翻译，让全球协作更加高效。这种“贴心小助手”的体验，将是苹果 AI 未来的核心竞争力。

第三，苹果还采用私有云计算处理 AI 任务，数据在设备端加密后才会被传输到云端，处理完成后立即删除，确保用户隐私万无一失。无论是健康数据，还是支付信息，苹果都为用户提供了安心的智能服务。

随着 AI 的发展，用户对于产品的体验要求越来越高。AI 赋予产品的价值越来越大，同一件商品，如有 AI 功能，就很容易销售。

体验式商业模式注重为消费提供独特的体验，满足了消费者的精神需求和个性化追求。因此，在 AI 时代，企业不仅要提供好的产品，更要提供与之相关的服务和体验。例如，主题餐厅、精品咖啡馆等，通过独特的消费体验来吸引消费者。

88 平台化商业模式：整合资源，承接客户和服务客户

平台化商业模式以构建商业生态系统为核心，通过搭建开放的平台，整合内外部资源，为不同参与者创造价值。这种模式打破了传统单一企业的边界，通过多方合作，共同创造价值。

作为新时代的产物，平台模式以规模经济、范围经济和网络效应等特性，引领了商业模式的变革。该模式的精髓在于，利用网络效应吸引参与者，平台本身不直接生产商品或服务，而是作为中介，提供交易、交流或合作的空间。通过增值服务、数据分析和技术创新，增强用户体验并创造商业价值。

AI 等前沿技术的应用，为平台模式带来革命性的变化。这些技术不仅提升了服务的个性化和智能化水平，还优化了运营流程，提高了决策效率。一方面，平台通过收集和分析用户数据，能够更准确地预测市场趋势，实现精准营销。另一方面，人工智能的引入，使平台能够提供更加人性化的交互体验，通过智能推荐系统，满足用户的个性化需求。

采用平台化商业模式，资源和知识就能高效共享，大幅降低协作成本；建立开放的协作机制，鼓励用户参与，就能实现用户与企业之间的价值共创。

【案例】创建一个在线市场或共享平台，整合别人的资源

为了开拓母婴市场，某公司采取了线上与线下相结合的模式。很多人觉得，线上线下结合的模式就是开个网店，再加上个实体店，线上下单，线下取货，把线上流量引到线下。但这只是基础玩法，为了扩大规模，该公司整

合现有资源，看到谁开有实体店，就将他们整合过来，他没有一家一家地开店，那他是如何做的呢?

首先，整合资源，寻找个人开的母婴店进行整合。然后，将公司定位为平台，并不是做零售。他们还开发了一个收银系统、App、网站以及微信分销店，免费提供给合作的母婴店使用。

其次，普通母婴店进货一般是去代理商或批发市场，一包尿不湿进货价可能是 90 元，这家公司就将所有母婴店的采购量集中，直接向厂家下订单，价格就可能降低为 60 元。然后，再以 70 元的供货价给到母婴店。母婴店看到成本可以降下来，当然愿意合作。

最后，公司还为签约的实体店导流量。他们先通过线上优质内容吸引用户到平台，再把流量导入当地合作的母婴店，同时搞些优惠活动吸引用户。

母婴店老板看到能免费使用收银系统、享受流量导入、降低采购成本，自然就愿意了。

通过这种模式，该公司和许多母婴店签约，不用一分钱，就让别人的店铺变成了自己的“连锁店”。除了赚母婴产品的差价，还在线上平台卖其他产品，如汽车儿童座椅、化妆品等。

可见，高手的赚钱模式就是创建一个在线市场或共享平台，整合别人的资源，使他们能够互动交流甚至交易，利用轻资产的平台模式，直接把全国的资源汇聚起来，轻松打造出庞大的连锁规模，快速扩张市场。

AI 时代，很多创业者由于资源、资金、服务的局限性，很难单打独斗，其实只要你具备一定的资源整合能力，就可以试着整合一个资源平台，吸纳和整合同行，甚至上下游，承接客户和服务客户。